青少年心理品质丛书
主编：夏阳

一切都可能改变

张俊红◎编著

新疆美术摄影出版社
新疆电子音像出版社

图书在版编目(CIP)数据

一切都可能改变 / 张俊红编著. —— 乌鲁木齐 : 新疆美术摄影出版社 : 新疆电子音像出版社, 2013.4

ISBN 978-7-5469-3900-1

Ⅰ.①一… Ⅱ.①张… Ⅲ.①成功心理 – 青年读物②成功心理 – 少年读物 Ⅳ.①B848.4–49

中国版本图书馆 CIP 数据核字(2013)第 072909 号

| 一切都可能改变 | 主 编 夏 阳 |

编　　著　张俊红
责任编辑　吴晓霞
责任校对　李　瑞
制　　作　乌鲁木齐标杆集印务有限公司
出版发行　新疆美术摄影出版社
　　　　　新疆电子音像出版社
地　　址　乌鲁木齐市经济技术开发区科技园路 7 号
邮　　编　830011
印　　刷　北京新华印刷有限公司
开　　本　787 mm×1 092 mm　　1/16
印　　张　15
字　　数　216 千字
版　　次　2013 年 7 月第 1 版
印　　次　2013 年 7 月第 1 次印刷
书　　号　ISBN 978-7-5469-3900-1
定　　价　45.00 元

本社出版物均在淘宝网店：新疆旅游书店(http://xjdzyx.taobao.com)有售，欢迎广大读者通过网上书店购买。

目

录

3

一切都可能改变

第一章　不要轻易说"不可能"改变

　　请你下定决心，向不可能挑战，使自己的事业，在第一名的标准下高速地发展，创造似锦的前程。

人生没有不可能

英国前首相撒切尔夫人自小就受到严格的家庭教育，父亲经常向她灌输这样的观点：无论做什么事情都要力争一流，要做就做第一名，而不能落后于人。"即使是坐公共汽车，你也要坐在前排。"父亲从来不允许她说"不可能"，"我不能"或"太难了"之类的话。

正是因为从小就受到父亲的"残酷"教育，才培养了撒切尔夫人积极向上的决心和信心。在以后的工作中，她时时牢记父亲的教导，总是抱着一往无前的精神和要做就做第一名的信念，尽自己最大努力克服一切困难，做好每一件事情，事事必争一流，以自己的行动实践着"人生没有不可能，要做就做第一名"的信念。

撒切尔夫人上大学时，学校要求学 5 年的拉丁课程。她凭着自己顽强的毅力和拼搏精神，硬是在一年内全部学完了。令人难以置信的是，她的考试成绩竟然名列前茅。

其实，撒切尔夫人不光是在学业上出类拔萃，她在体育、音乐、演讲及学校的其他活动方面也都一直走在前列，是学生中凤毛麟角的佼佼者之一。当年她所在学校的校长评价她说："她无疑是我们学校建校以来最优秀的学生，她总是雄心勃勃，每件事情都做得很出色。"

正因为如此，40 多年后，英国乃至整个欧洲政坛上才出现了一颗耀眼的明星，她连续 4 年当选保守党领袖，并于 1979 年成为英国第一位女首相，雄踞政坛长达 11 年之久，被世界政坛誉为"铁娘子"。

人生没有不可能，要做就做第一名。没有不合理的目标，只有不合理的期限。一个人，只有决心成为第一名，才会设法争取第一名。树立成为第一名的目标，并不是想在成功之后证明什么，而是按照第一名的标准来要求自己、检视自己、鞭策自己，进而加快自身成长的速度，实现人生最大的社会价值。

比赛，跟弱者比，越比越弱；跟强者比，越比越强。有人比你更成功，他的标准一定比你高。只有最顶尖的人物，才接受最严格的挑战。一流的人物，来自一流的标准。

当你决心成为第一名时，你就会去研究第一名。他每天到底都在想些什么？每天都在做些什么？每天都跟什么人交往？都出入什么场所？安排哪些日常活动？当你了解到这一切信息并如法炮制后，你就很可能成为第二名；当你全方位效仿之后，在每个方面稍微改进一点点，创新一点点，你就很可能成为下一个第一名。

如果你想射下星星，你可能射到树上的小鸟；如果你想射下小鸟，你可能射到鸟儿栖息的树；如果你想射树，射到的就是泥土了。"法乎其上，得其中；法乎其中，得其下；法乎其下，得其无"。说的就是这个道理。

要成为第一名，就必须结交第一名！只有结交第一名，你才能真正领悟到第一名是如何成为第一名的，你才能够效仿他；了解、熟悉第一名，你才能发现自己的优势与不足，你才会更有信心成为第一名。

有见识才会有胆识，你连世界第一名见都没见过又怎么会想到要成为世界第一名呢！

如果没见过第一名，你就无法感受到他的魅力与感召力，也就不会渴望成为第一名。那么，你对事业的追求也不会那么执著与强烈，你所取得的成就也很难突破原有的格局。

向第一名挑战，就是要学习、模仿，最终超越第一名。

有些人会想："挑战第一名？我连想都没想过，那怎么可能呢？"其实，假如你每天盯着乞丐，你只能学会乞讨；只盯着富人，你就能学会如何赚钱。那么，如果你盯着第一名，你又会获得什么结果呢？第一名在成为第一名之前，也是普通人。他可以，为什么自己不可以呢？我们也有获得成功的权利。如果你要制造产品，模板是至关重要的。有什么样的模板，就会有什么样的产品。人，也是如此，而人的模板，就是他所仿效的榜样。

如果说你现在还没有可以模仿的榜样，那我教给大家一个方法，

3

叫做内模拟。

为自己的人生找一个榜样——你最想成为的那一个人。如果没有现成的，也可"组合"一个。然后，作角色假定，心理学上也叫内模拟，即每时每刻把自己想象成你所希望的"那一个"人。

不仅言谈举止要像，更重要的是思想行为要像。时常反省自己："如果是他（她），会这样想，这样做吗？他（她）会怎样想，怎样做呢？"

因为，心态和行为是紧密相连的：积极的心态导致积极的思维和行为，而积极的思维和行为必然养成积极的心态。

有一个法国人，42 岁了仍一事无成，他自己也认为自己简直倒霉透了：离婚、破产、失业……他不知道自己的生存价值和人生的意义。他对自己非常不满，变得古怪、易怒，同时又十分脆弱。

有一天，一个吉普赛人在巴黎街头算命，他随意一试。吉普赛人看过他的手相之后，说："您是一个伟人，您很了不起！"

"什么？"他大吃一惊，"我是个伟人，你不是在开玩笑吧？"

吉普赛人平静地说："您知道您是谁吗？"

"我是谁？"他暗想，"是个倒霉鬼，是个穷光蛋，我是个被生活抛弃的人！"但他仍然故作镇静地问："我是谁呢？"

"您是伟人"，吉普赛人说，"您知道吗，您是拿破仑转世！您身上流的血，您的勇气和智慧，都是拿破仑的啊！先生，难道您真的没有发觉，您的面貌也很像拿破仑吗？"

"不会吧……"他迟疑地说，"我离婚了……我破产了……我失业了……我几乎无家可归……"

"嗨，那是您的过去，"吉普赛人只好说，"您的未来可不得了！如果先生您不相信，就不用给钱好了。不过，5 年后，您将是法国最成功的人啊！因为您就是拿破仑的化身！"

他表面装作极不相信地离开了，但心里却有了一种从未有过的伟大感觉。他对拿破仑产生了浓厚的兴趣。回家后，就想方设法找与拿破仑有关的一切书籍著述来学习。

渐渐地，他发现周围的环境开始改变了，朋友、家人、同事、老板，都换了另一种眼光、另一种表情对他。事情开始顺利起来。

后来他才领悟到，其实一切都没有变，是他自己变了：他的胆魄、思维模式都在模仿拿破仑，就连走路说话都像。

13年以后，也就是在他55岁的时候，他成了亿万富翁，法国赫赫有名的成功人士。

吉普赛人其实是教给了这个法国人一个方法，就是模仿成功人士的方法，通过这个方法，法国人很快就具备了一个成功者的特质。进而达到了人生的成功，所以不要说什么事情是不可能的，关键是你怎么去努力改变现状，争取做到最好。

所以，希望各位读者，请你下定决心，向不可能挑战，使自己的事业，在第一名的标准下高速地发展，创造似锦的前程。

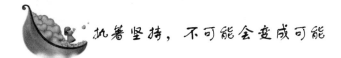

执着坚持，不可能会变成可能

平时我们常常习惯说：这不可能！这句话正确吗？人类自诞生以来，在漫长的进化和发展中，找到了克服"不可能"的重要分子，他们将"不可能"团团包围，以至水泄不通，然后发挥自己最强劲的效果让"不可能"一次次地土崩瓦解。

例如：有句古话叫"人往高处走，水往低处流。"因为过去，人们一直认为"水往高处流"是根本不可能的事，但随着抽水机的发明，"不可能"变成了"可能"；"千里眼""顺风耳"是《西游记》里的人物，在当时人们认为一个人根本不可能具备那样的本事，所以他们只能出现在虚构的神话里，但随着卫星、雷达、网络的发展，借助这些工具，现代人几乎都成了"千里眼""顺风耳"；人死当然不能复生，但就在最近，美国生殖生育专家帕诺斯·扎沃斯宣布了一条"爆炸性消息"，他已经从两名死者身上成功提取了他们的DNA，并将其制成了"克隆胚胎"，这两名死者有可能"起死回生"……

很多事实证明，"不可能"的事通常是暂时的，只是人们一时还没有找到解决它们的方法。所以，当你遇到难题或困难时，永远不要让"不可能"束缚自己的手脚，有时只要再向前迈进一步，再坚持一下，也许"不可能"就会变成"可能"。而成功者之所以能成功，就是因为他们对"不可能"多了一分不肯低头的韧劲和执著。

下面的三个故事，告诉大家，千万不要说不可能，只要去做，就有实现的可能性。

第一位发现一切都可能这个道理的，据说是哥伦布。

哥伦布（约 1451～1506 年）是意大利热那亚人，他相信地圆说，认为从欧洲西航可以到达中国、印度和日本。他曾向葡萄牙、热那亚及米兰提出远航建议，但都未被采纳。

1486 年，哥伦布向西班牙国王再次提出这个大胆的建议，声称按照地圆说，从大西洋向西航行就可以到达中国和印度，只要你们拿出钱来资助我。当时，没有一个人阻止他，也没有人相信他，因为当时的人认为，从西班牙向西航行，不出 500 海里，就会掉进无尽的深渊。到达富庶的东方，是绝对、绝对不可能的。

直到 1492 年 4 月，西班牙女王勉强采纳了他的建议，派他以王室名义寻找通向东方的航路。

哥伦布，经过 240 天远航探险，终于凯旋，消息传开，不仅轰动西班牙，也震撼整个欧洲。

这是人类历史上首次完成横渡大西洋的壮举，甚至还发现了新天地与新人种。

西班牙女王在巴塞罗那宫廷举行隆重的迎接仪式。庆祝凯旋的游行队伍威风凛凛，走在最前列的是 10 名赤体文身的印第安人，他们头插羽毛，脸戴镶金面具，手拎鹦鹉，牵着珍禽异兽，还展示从美洲带回来的一些金饰珠宝，哥伦布本人则骑马随后，这一切使人们莫不叹为千古盛事。

哥伦布首航成功后，又 3 次西航。他前前后后到过巴哈马群岛、古巴、海地、牙买加、千里达以及中美洲的加勒比海沿岸。

哥伦布在 1492 年到 1502 年间 4 次横渡大西洋，虽然没有到达东方大陆，但发现了美洲大陆（新大陆），他也因此成为名垂青史的航海家。

著名专栏作家高马拉更竖起大拇指说："自开天辟地以来，除了造物主的降生与死亡，最伟大的事件，就是发现印度。"（哥伦布一直以为他发现的新大陆是印度，因此后人把那些岛屿称为"西印度群岛"，那里的土著称为"印第安人"。虽然如此，发现新世界的重要意义丝毫不减）女王的神父贝特鲁就这么说："哥伦布航行到地球的另一端，让我们知道这世界的另一半是什么模样，谜团一经解开，以后的发现可能会更惊人。"

对于大西洋彼岸还有不为人所知的陆地，这对欧洲人来说，整个世界的概念，顷刻之间起了惊天动地的变化。因为在这之前，人们都以为西班牙西岸是世界的尽头。

也难怪哥伦布意气风发地说，他坚信地圆说。为了证实西航计划可行，他经过20年的努力，总算顺利完成——发现了几个无人知晓的岛屿。

哥伦布始终不知道自己发现新大陆，后来有一个画地图的亚美利加·维布西，到南美海岸考查，才发现那不是印度而是新大陆。1507年，德国地理学家沃尔德塞姆勒在绘制的地图上，就把那里称为"亚美利加"，这就是美洲命名的由来。

一般人认为不可能的事，肯定是十分困难，甚至是难以想象的事。因为太难，所以畏难；因为畏难，所以无人问津。不但自己不去，甚至认为别人也不会问津。可以说，世界上真正的大业，都是别人认为不可能的情况下完成的，在人类一步步从过去走向未来的过程中，不可能的事，一件还没有发现。

在世界航海探险史上，人们永远不会忘记意大利伟大的航海家哥伦布。然而，尽管哥伦布相信地球是圆的，相信横渡大西洋一直向西航行可抵达东方，遗憾的是，他最终并没有实现环球航行的梦想。

真正实现环球航行梦想的，是另一位彪炳青史的葡萄牙航海家——斐迪南·麦哲伦。

麦哲伦1480年生于葡萄牙北部的一个破落的骑士家庭。从青少年时代起，他就为葡萄牙迪亚士、达·伽马和意大利的哥伦布等著名航海家的探险故事所吸引。传闻他们从东方带回了多得令人难以置信的黄金、象牙、珠宝、香料等等，这些更让麦哲伦心驰神往，幻想着有朝一日也能来到富庶的东方，并实现证实地球是圆的这一被人们认为是"不可能"的事实。

的确，当时人们认为地球不可能是圆的。由于活动的范围很小，只看到自己生活地区的一小块地方，因此单凭直觉，就产生了种种有关"天圆地方"的说法。例如，我国早在两千多年前的周代，就有"天圆如张盖，地方如棋局（棋盘）"的盖天说。古代埃及人认为，天像一块穹窿形的天花板，地像一个方盒。俄罗斯人则认为，大地像一块盾牌，由 3 条巨鲸用背驮着，漂游在茫茫的海洋里。印度人也有类似的传说，不过他们认为驮着这块大地的，不是巨鲸，而是站在海龟背上的 3 头大象。大象动一动，便引起地震。

面对人们的强烈质疑，麦哲伦决定以实际行动来证明自己是对的。但他在自己的国家中得不到国王的信任，反而遭到无端的诬告陷害。失望和悲愤之际，他转而寻求葡萄牙的敌国——西班牙国王的帮助。令人不可思议的是，他居然幸运地赢得了西班牙国王的支持。

1519 年 8 月 1 日，麦哲伦在西班牙的塞维利亚码头带着一支由 5 艘大船、265 名水手组成的西班牙船队立刻扯起风帆，破浪远航了。麦哲伦心里暗暗发誓："我一定要载誉归来！"

按照计划，麦哲伦沿着哥伦布当年的航线前进。一路上，他率领船员们战胜了无数艰难险阻，镇压了船队内部西班牙人发动的叛乱，终于使全体船员成为自己的忠实追随者。

1520 年 10 月 18 日，麦哲伦的船队继续行驶在南美洲海岸的南部。这一天，麦哲伦对船员们宣布说："我们沿着这条海岸向南航行了这么久，但至今仍然没有找到通向'南海'的海峡。现在，我们将继续往南前进，如果在西经 75°处找不到海峡入口，那么我们将转向东航行。"

于是，这支船队又沿着海岸向南方前进了 3 天。21 日，麦哲伦在南纬 52°附近发现了一个通向西方的狭窄入口。

麦哲伦激动地看着这个将给他带来希望的入口，坚定地命令船队向这个看上去险恶异常的通道前进。船员们紧张地看着两旁耸立着的 1000 多米高的陡峭高峰，小心翼翼地迎着通道中的狂风怒涛

一切都可能改变

前进。

海峡越来越窄，没有人知道再往前走面临的是死亡还是希望，但是一种坚定的信念和冒险的精神推动着麦哲伦义无反顾地勇往直前。他大胆而且豪迈地鼓舞士气："眼前的海峡正是我们所要寻找的从大西洋通向东方的通道。穿过这个海峡，我们就成功了！"

在麦哲伦的鼓舞下，船队一步一步地绕过了南美洲的南端。1520年11月28日，船队在经历了千辛万苦之后，突然看见了一片广阔的大海——他们终于闯出了海峡，找到了从大西洋通向太平洋的航道！麦哲伦和船员们激动得热泪盈眶。哥伦布没有实现的梦想，他们实现了！这个海峡后来就被称作"麦哲伦海峡"。

此后，麦哲伦的船队在太平洋上继续航行了3个月，水尽粮绝，他们只得靠饮污水、吃木屑，甚至在船上食老鼠为生，许多水手因此得了坏血病在途中死去。

1521年3月，麦哲伦抵达菲律宾群岛，在岛上与当地居民发生了冲突。麦哲伦在这场冲突中被杀死，剩下的船员继续航行，经过印度洋，绕过好望角，沿非洲大陆西海岸北上。

1522年9月，这支历时3年的远航队伍只有18个人回到了西班牙。但这次由麦哲伦率领的环球航行，第一次用铁一般的事实向世人证明了一个真理：地球是圆的。粉碎了人们以往认为不可能的事实。

还有一个人，他用自己的成功向人们证明了一切都可能这个事实。

1969年7月16日，"阿波罗11号"飞船搭载三名宇航员开始长途跋涉，向月球轨道进发，揭开了人类首次登月行动的序幕，并于1969年7月20日把登月舱降落在月球表面。

船长阿姆斯特朗首先走上舱门平台，面对陌生的月球世界凝视几分钟后，挪动右脚，一步三停地爬下扶梯。5米高的9级台阶，他整整花了3分钟！随后，他的左脚小心翼翼地触及月面，而右脚仍然停留在台阶上。当他发现左脚陷入月面很少时，才鼓起勇气将右脚踏上去。这时的阿姆斯特朗感慨万千："对一个人来说，这是一小步，但对人类来说却是一个飞跃！"18分钟后，宇航员奥尔德林也踏上月面，他俩穿着宇航服在月面上幽灵似地"游动"、跳跃，拍摄月面景色、收集月岩和月壤、安装仪器、进行实验和向地面控制中心发回探测信息。

活动结束后，阿姆斯特朗和奥尔德林乘上登月舱飞离月面，升入月球轨道，与由科林斯驾驶的、在月球轨道上等候的指挥舱会合对接。3 名宇航员共乘指挥舱返回地球，在太平洋溅落。整个飞行历时 8 天 3 小时 18 分钟，在月面停留 21 小时 18 分钟。时间虽然短暂，却是一次历史性的壮举，实现了人类几千年来的梦想。

"对一个人来说，这是一小步，但对人类来说，这是一次飞跃。"这一步的确意义重大，经过了悠悠八载的艰苦努力，阿波罗登月计划终于成功地将人类的足迹印上了地球之外的另一个天体，阿姆斯特朗也因为这小小的一步而永载史册。

阿姆斯特朗登陆月球时除了以上这句话以外，他还说出过一句令人不解的话："恭喜你，高斯基先生。"

当时美国太空总署认为这是他给队友说的话。但是，经过确认后却发现在这次太空计划中，不管是美国方面或前苏联方面，根本就没有人叫高斯基。

几年来，许多人咨询阿姆斯特朗当时说那句话有什么含义，但他从不做正面回答。

但 26 年以后，一次演讲会上，一名记者又提出这段 26 年前谜一般的话题。阿姆斯特朗终于作出回答，他说既然高斯基先生已经过世，现在他可以告诉大家究竟怎么一回事。

他说："我小的时候跟弟弟在后院打篮球，结果我弟弟把球打到邻居的卧室窗前。我们家隔壁住的是高斯基夫妇，当我弯下身捡球时，听到高斯基太太对先生大声说：'你想让我和你离婚，等隔壁的小孩踏上月球时再说吧！'"

阿姆斯特朗是在用自己的好运告诉我们，人类登月这样的让人不可思意的事情都能够实现，还有什么事情是人类做不到的。所以，千万不要轻易认为有什么事情是不可能的。没有不可能，只有找方法。事事无绝对，一切皆可能。

如果一个人总是以"不可能"来禁锢自己，那么他注定难有辉煌，最终将被成功淘汰。

一切都可能改变

你要认为你能，就去尝试

在自然界当中，有一种十分有趣的动物，叫做大黄蜂。曾经有许多生物学家、物理学家、社会行为学家，联合起来研究这一种生物。

根据生物学的观点，所有会飞的动物，其条件必然是体态轻盈、翅膀十分宽大的。而大黄蜂这种生物，却正好跟这个理论反其道而行。大黄蜂的身躯十分笨重，而翅膀也是出奇的短小。依照生物学的理论来说，大黄蜂是绝对飞不起来的。而物理学家的论调则是，大黄蜂身体与翅膀比例的这种设计，从流体力学的观点，同样是绝对没有飞行的可能。简单地说，大黄蜂这种生物，根本是不可能飞得起来的。可是，在大自然中，只要是正常的大黄蜂，却没有一只是不能飞的。甚至于，它们飞行的速度不比其他能飞的动物来得差。这种现象，仿佛是大自然正在和科学家们开一个很大的玩笑。最后，社会行为学家找到了这个问题的解答。答案很简单，那就是——大黄蜂根本不懂"生物学"与"流体力学"。每一只大黄蜂在它成熟之后，就很清楚地知道，它一定要飞起来去觅食，否则就必定会活活饿死！这正是大黄蜂之所以能够飞得那么好的奥秘。我们不妨从另外一个角度来设想，如果大黄蜂能够接受教育，学会了生物学的基本概念，而且也了解了流体力学，根据这些学问，大黄蜂很清楚地知道自己身体与翅膀的设计完全不适合飞行。那么，这只学会告诉自己"不可能"会飞的大黄蜂，你想，它还能够飞得起来吗？或许，在过去的岁月当中，有许多人在无意间灌输了你许多"不可能"的思想，但请你把这些种种的"不可能"完全抛开，再一次明确地告诉自己，不是不可能，是你自己认为不可能。

出生于美国的普拉格曼连高中也没有读完，却成为一位非常著名的小说家。在他的长篇小说授奖典礼上，有位记者问道：你事业成功最关键的转折点是什么？大家估计，他可能会回答是童年时母

第一章　不要轻易说『不可能』改变

亲的教育，或者少年时某个老师特别的栽培。然而出人意料的是，普拉格曼却回答说，是二战期间在海军服役的那段生活：

1944 年 8 月一天午夜，我受了伤。舰长下令由一位海军下士驾一艘小船趁着夜色送身负重伤的我上岸治疗。很不幸，小船在那不勒斯海迷失了方向。那位掌舵的下士惊慌失措，想拔枪自杀。我劝告他说：你别开枪。虽然我们在危机四伏的黑暗中漂荡了四个多小时，孤立无援，而且我还在淌血……不过，我们还是要有耐心……说实在的，尽管我在不停地劝告着那位下士，可连我自己都没有一点信心。但还没等我把话说完，突然前方岸上射向敌机的高射炮的爆炸火光闪亮了起来，这时我们才发现，小船离码头不到三海里。

普拉格曼说：那夜的经历一直留在我的心中，这个戏剧性的事件使我认识到，生活中有许多事是被认为不可更改的不可逆转的不可实现的，其实大多数时候，这只是我们的错觉，正是这些"不可能"才把我们的生命"围"住了。一个人应该永远对生活抱有信心，永不失望。即使在最黑暗最危险的时候，也要相信光明就在前头……二战后，普拉格曼立志成为一个作家。开始的时候，他接到过无数次的退稿，熟悉的人也都说他没有这方面的天分。但每当普拉格曼想要放弃的时候，他就想起那戏剧性的一晚，于是他鼓起勇气，一次次突破生活中各种各样的"围"，终于有了后来炫目的灿烂和辉煌 a

还有另一个故事。一天早晨，电报收发员卡纳奇来到办公室的时候，得知由于一辆被撞毁的车子阻塞了道路，铁路运输陷入瘫痪。更要命的是，铁路分段长司各脱不在。按照条例，只有铁路分段长才有权发调车令，别人这样做会受到处分，甚至被革职。车辆越来越多，喇叭声、行人的咒骂声此起彼伏，有人甚至因此动起手来。"不能再等下去了。"卡纳奇想。他毅然发出了调车电报，上面签着司各脱的名字。

司各脱终于回来了，此时阻塞的铁路已畅通无阻，一切顺利如常。不久，司各脱任命卡纳奇为自己的私人秘书，后来司各脱升职后，又推荐卡纳奇做了这一段铁路的分段长。发调车令属于司各脱的职权范围，其他人没人敢突破这个"围"，卡纳奇这样做了，结果他成功了。

　　仔细想来，每个人其实都有着这样那样的"围"：主观上的认识上的偏见，个性上的不足，客观上的陈规陋习等都制约着我们实现生命价值的最大化。如果我们想在一生中有所作为，我们就必须要学会不停地突围。

　　然而，一个人要突破各种各样的"围"，不是一件容易的事。首先，我们要有识"围"的智慧。有的"围"是明摆着的，我们一看就知道它妨碍着我们走向远方。但有的"围"是"糖衣炮弹"，你看不到它对你的妨碍，或许你看到了也会有意无意地纵容它挤占心灵的地盘。其次，我们要有破"围"的实力。要突破主观的"围"，我们只需依赖意志；突破客观的"围"，则必须依靠人才、能力了。比起前者，后者的获得更艰难，付出的人生代价也更惨重。

　　突围是我们给予自己的最好的礼物，如果把我们向往的生活比作一个小岛，突围则是一条平静的航道；如果把我们的生命化做一块土地，突围就是那粒通向秋天的种子；如果把我们的人生比做天空，突围就是那轮光芒四射的太阳……一个人可以出身贫贱，可以遭受屈辱，但绝对不能缺少突围的精神，没有这种精神，你就会失去行走的能力，永远也抵达不了本来可以抵达的人生的大境界。

　　所以，永远也不要消极地认定什么事情是不可能的，首先你要认为你能，再去尝试、再尝试，最后你就发现你确实能。

　　在电视剧《大长今》中有这样一段背景：百本对人体的药效极好，几乎所有的汤药之中都要加入百本。早在燕山君时代，百本种子就被带回了朝鲜，其后足足耗费了20年的时间，想尽各种办法栽培，可是每次都化为泡影。种植百本对朝鲜人来说，几乎是不可能的。这样一来，百本变得非常的珍贵，没有了固定的行情，只能任凭明朝漫天要价。

　　长今得知百本的贵重以后，决定要成功种植百本。多栽轩的人听说后说："百本种植了20年都没有成功，你怎么可能种植成功呢？"

　　长今不信邪，在她看来，世界上没有不可能的事。长今蹚开一条垄沟，播下了百本种子。浇水之后又等了几天，依然不见发芽的迹象。有一天，她发现种子还没等到发芽，便腐烂了。撒播方式失败后，长今又试了条播、点播。播种以后，她试过放任不管，试过轻轻盖上一层土，也试过埋得很深。她试过浇少量水，也试过浇充足水分，有时连续几天停止浇水。肥料也都试过了，甚至浇过自己的尿。然而一切努力都没有效果，躺在结实外壳中休眠的百本，仿佛故意嘲笑长今的种种努力，就是不肯发芽。

经历过多次失败后，长今开始翻阅所有关于百本与种植方面的书。她再度尝试在两条沟垄之间条播，轻轻地覆盖泥土，撒上肥料。经过不懈努力，长今终于成功地种植出了百本，不可能的事变成了可能。

汤姆·邓普生下来的时候，只有半只脚和一只畸形的右手。父母从来不让他因为自己的残疾而感到不安。结果是任何男孩能做的事他也能做，如果童子军团行军 10 里，汤姆也同样走完 10 里。

后来他要踢橄榄球，他发现，他能把球踢得比任何在一起玩的男孩子远。

他要人为他专门设计一只鞋子，参加了踢球测验，并且得到了冲锋队的一份合约。

但是教练却尽量婉转地告诉他，说他"不具有做职业橄榄球员的条件"，促请他去试试其他的事业。最后他申请加入新奥尔良圣徒球队，并且请求给他一次机会。教练虽然心存怀疑，但是看到这个男孩这么自信，对他有了好感，因此就收了他。

两个星期之后，教练对他的好感更深，因为他在一次友谊赛中踢出 55 码远得分。这种情形使他获得了专为圣徒队踢球的工作，而且在那一季中为他的队踢得了 99 分。

然后到了最伟大的时刻，球场上坐满了 6.6 万名球迷。球是在 28 码线上，比赛只剩下了几秒钟，球队把球推进到 45 码线上，但是根本就可以说没有时间了。"邓普西，进场踢球！"教练大声说。

当汤姆进场的时候，他知道他的队距离得分线有 55 码远，由巴第摩尔雄马队毕特·瑞奇踢出来的。

球传接得很好，邓普西一脚全力踢在球身上，球笔直地前进。但是踢得够远吗？6.6 万名球迷屏住气观看，接着终端得分线上的裁

一切都可能改变

判举起了双手，表示得了 3 分，球在球门横杆之上几英寸的地方越过，汤姆的队以 19 比 17 获胜。球迷狂呼乱叫，为踢得最远的一球而兴奋，这是只有半只脚和一只畸形的手的球员踢出来的！

"真是难以相信。"有人大声叫，但是邓普西只是微笑。他想起他的父母，他们一直告诉他的是他能做什么，而不是他不能做什么。他之所以创造出这么了不起的记录，正如他自己说的："他们从来没有告诉我，我有什么不能做的。"

"不可能"是傻瓜才用的词

西点不需要那些"不可能"或是"我办不到"之类的话，一个想要成功的人，需要把这些借口永远丢掉。

拿破仑曾经说过一句这样的话："不可能"是傻瓜才用的词。透过这句话，我们可以看出拿破仑对困难的态度。

"有可能通过那条路吗？"拿破仑向工程人员问道，他们是被派遣去探索圣伯纳德的那条可怕的小路的。"也许……"工程人员有些犹豫地回答，"还是不可能的。"

"那就前进。"下士说道，根本没有注意那些似乎难以逾越的困难。英国人和奥地利人对于翻越阿尔卑斯山的想法表现出嘲笑和不屑一提，那里"从没有车辆行驶，也根本不可能有"，更何况是一支 6 万人的部队，他们带着笨重的大炮、数十吨的炮弹，还有大量的军需品。但是饥寒交迫的麦瑟那正在热那亚处于包围之中，胜利的奥地利人聚集在尼斯城前，而拿破仑绝不是那种在危难中将以前的伙伴弃之不顾的人，他除了前进别无他念。在这个"不可能"的任务被完成后，有些人认为这早就能够做到，而其他人之所以没有做到，是因为他们拒绝面对这样的困难，固执地认为这些困难不可克服。许多指挥官都拥有必要的补给、工具和强壮的士兵，但是他们缺少拿破仑那样的勇气和决心。拿破仑从不在困难面前退缩，而是不断进取，创造并抓住胜利的机会。

有人说，在法国，人们不需要专门找个日子来纪念拿破仑，因为在巴黎市区随处可见拿破仑的影子：以他指挥的著名战役命名的街道，埋葬他遗体的荣军院，收藏着他的军装和武器的军事博物馆，悬挂着他登基时画像的卢浮宫……法国人时时都能感觉到拿破仑的存在。

一个想获得成功的人眼中应该只有目标，而没有失败或是"不可能"之类的借口。被困难吓倒，自己都认为无望的人，是不可能拥有成功的。

不可能是傻瓜才用的词，那到底是什么原因导致了他们自己说出"不可能"呢？

许多事情看似不可能，其实是被惰性所束缚，打破了惰性，真刀实枪地干起来，许多不可能就会变成可能。

新加坡有个大型海鲜企业——海鲜市场和餐馆。它的广告牌只有一句话："海里游的，这儿都有。"大到鲸鱼身上的每一可食部位，小到显微镜下才能看清的富有营养的浮游生物，应有尽有。至于龙虾、鲍鱼、梅花参等更是常品，随时可以买到。广告牌所说的似乎不太可能。

怎样才能使不可能变为可能呢？那就是去惰性，不惜重金，不吝时间与精力，到世界各渔业公司组织货源。一次，一位客人要吃新加坡活的壳鱼，海鲜公司闻讯立即行动，派人用特殊渔网到特定海域打捞，渔网出水前一刹那，用特殊吸管连鱼带水一起装入一特殊容器，专车送到机场，等待的专机立即起飞。在飞机上，还要保证适当温度的海水、适量的氧气供应。到达目的地，又有专车抢运，保证客人得以尝鲜。

如此一番忙碌，其代价可想而知。不过，他们的辛勤劳动，他们付出的人力、物力保住了招牌，保住了信誉，取得了人们的信任，也赚取了更大利润。

许多事情看似不可能，其实也是被胆怯束缚的。

一个成功者的一生，必定是一个与风险拼搏的一生，除非不干事业，干事业则必有风险。松下幸之助发迹之前是一个一贫如洗的学徒。他不屈服于命运，将小小的客厅改为作坊，把积攒的全部家当97美元全部用来制造电器插座。几次试验的失败，竟把老本全部用光。松下又把结婚时购置的衣物送入当铺，终于渡过难关，发明出第一项新产品——双插座接合器，从此走上了成功之路的第一步。如果松下当初胆怯了，不敢冒倾家荡产之险，就不可能有20年以后的松下公司，变不可能为可能必须要承担风险，拼搏人生。

许多事情看似不可能，其实是功夫下的不到，俗话说，有志者事竟成。功夫下到了，许多不可能就会变为可能。

伦敦的出租汽车司机，要经过多次严格的考试和审查。申请者必须熟记伦敦地区468条行车线路所经过的街区，记住全市400家医院、诊所的名称、位置和外观，要熟悉众多的酒店、餐馆、俱乐部、百货公司、广场，要知晓多如牛毛的银行、公司和各种办事机构。除此之外，还要能够以最快的速度找出两地之间最短距离的路线，以节省乘客的时间和金钱。主考官往往突然提出一些意料不到的问题，如某栋建筑物是什么颜色的，某个剧院通过舞台的门在哪里，经过反复口试，只有对答如流，才准其过关。

这么严格的考试似乎近于苛刻，但是应试过关者极多。他们为此要花两年时间，骑自行车在全城东奔西跑，穿行市区，走遍大街小巷，把市中心方圆10公里以内的18000条街道的名称，建筑物的位置和形状搞得清清楚楚，牢记在心。可见功夫下到了，任何难关和"不可能"都能攻克。

许多事情看似不可能，其实是推卸责任。一个充满责任感的人，一个勇于承担责任的人，对于他们来说，没有什么是不可能的。

许多人在做事情的时候，喜欢应付了事，当问题比较难解决的时候，"不可能"三个字是他最好的挡箭牌。其实，每个人的工作岗位归根到底是解决问题，而当你认为这个问题是不可能解决的时候，实际上已经失职了。

许多人喜欢说不可能，其实是找借口。他天生就喜欢找借口。成功者失败时只会专注于寻找成功的方法，而失败者只会用"不可能"作为借口，以它来掩盖自己的无能。借口，永远不会成为成功的方法。

如果你发现自己总是有意无意地使用"不可能"作为自己的借

17

口；你就是在给自己挂上了一个个有形无形的小标签，你就等于在自我否定，为你不求进取而寻找借口。

美国成功学家格兰特纳说过这样一段话：如果你有自己系鞋带的能力，你就有上天摘星的机会！让我们改变对借口的态度，把寻找借口的时间和精力用到寻找方法中来。

我们可以从身边的人观察到，那些经常说"不可能"的人，都是一些懒惰的人，或是失败者。他们遇到问题，不是想办法解决，而是以种种借口去推脱。就是因为他们缺少面对问题的勇气和决心，才一次次地失败。相反，成功者从来不相信有什么事情是做不到的，在遇到困难的时候，也会勇敢地去面对。

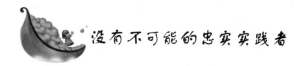

没有不可能的忠实实践者

在西点的军规中，有一条，就叫没有不可能。每一位新到西点的新人，都要熟背这条军规。西点通过这条军规训练出了一个个顽强的战士，他们都是没有不可能的忠实实践者。

1802 年 3 月 16 日，美国第三任总统托马斯·杰弗逊签署国会法令，宣告西点军校成立。二百多年来，西点军校成为美国的骄傲和象征，她培育出了一大批杰出的人才，成为众多美国青年人向往的地方。在西点的百年校庆上，罗斯福总统曾经对西点给予了极高的评价："……在这整整一个世纪中，我们国家其他任何学校都没有像她这样在刻有我们民族最伟大公民的光荣册上写下如此众多的名字。"

在西点军校 200 多年的历程中，她培养了众多的军事人才，其中有 3800 多人成为将军。仅 1915 届的 164 名学员中，就有 59 名成为准将以上军官，其中 3 位四星上将，2 位五星上将和陆军参谋长，1 名当了美国总统。

对西点学员来说，这个世界上不存在"不可能完成的事情"。不断挑战极限是每个学员的乐趣，只有超乎常人的困境才会让他们从中得到锻炼。西点军人勇于向"不可能完成的事"挑战的精神，是获得成功的基础。

因此，要想在事业上取得成就，实现自己的愿望或者理想，就应该像西点军人那样从根本上克服这种无知的障碍，把不可能从心里删除。培养坚强的意志，充满自信，永不放弃，走出"不可能"这一自我否定的阴影，用信心支撑着自己迈向成功与辉煌。

多年来，人们一直认为要在 4 分钟之内跑完 1 英里是不可能的事情，直到 1945 年 5 月 6 日，美国运动员班尼斯特打破了这个世界纪录。

他是怎么做的呢？每天早上起床后，他便大声对自己说："我一定能在 4 分钟之内跑完 1 英里！我一定能实现我的梦想！"这样大喊 100 遍，然后在教练库里顿博士的指导下，进行艰苦的体能训练。终于，他用 3 分 56 秒 6 的成绩打破了 1 英里长跑的世界纪录。

有趣的是，在随后的 1 年时间里，竟先后有 37 人进榜，而再后面的 1 年里更高达 200 多人。

美国总统林肯小的时候，他父亲在西雅图有一处农场，上面有很多石头。正因为如此，父亲才以较低的价格买下了它。有一天，母亲建议把上面的石头搬走。父亲说，如果可以搬走的话，主人就不会低价卖给我们了，它们是一座座小山头，都与大山连着。有一天，父亲去城里买马，母亲带着他在农场劳动。母亲建议说，让我们把这些碍事的东西搬走，好吗？于是，他们开始挖那一块块石头。不长时间，就把它们弄走了，因为它们并不是父亲想象的山头，而是一块块孤零零的石头，只要往下挖一英尺，就可以把它们晃动。

当一件事被认为是"不可能"时，我们就会为"不可能"找到许多理由，从而使"不可能"显得理所当然，我们也理所当然不会采取积极有效的行动，最终的结果肯定是这件事真的成为"不可能"的了。

人生的一大乐事就是完成别人认为你做不到的事。一个人一定要对自己深信不疑。在困难面前，在问题面前，决不要有"不可能"的思想，把"不可能"从你的字典里删除，相信凡事都有可能做到。其实，"能"与"不能"往往取决于你的信念，你认为"能"，你就

"能"。在我们一生中，经常会听到有人告诉我们"你是做不到的"，而我们也往往信以为真。事实上，"你做不到"并不是真理。除非你确实尝试过，否则没有人能肯定地说"不可能"。

成功学家心理学家面对不可能，有自己奇特方法。年轻的时候，他抱有成为一名作家的雄心，为达到这个目的，他知道自己必须精于遣词造句，字将是他的工具。但是由于他小时候家境贫穷，接受的教育并不完整，因此，"善意的朋友"就告诉他，说他的雄心是"不可能"实现的。

年轻的希尔存钱买了一本最好、最完整、最漂亮的字典，他所需要的字都在这本字典里面，而他立志要完全了解和掌握这些字。但是他做了一件奇特的事，他找到"不可能"这个字，用小剪刀把它剪下来，然后丢掉。于是他有了一本没有"不可能"的字典。以后他把整个的事也都建立在这个前提下。对一个渴望成长，想超越别人的人来说，没有什么事是"不可能"的。

我不建议你从你的字典中把"不可能"这三个字剪掉，而是建议你从你的头脑中把这个观念铲除掉。谈话中不提到它，想法中排除它，态度中去除掉它，无情地抛弃它，不再为它提供理由，不要再为它寻找借口。把这个字和这个观念永远抛开，用光明灿烂的"可能"来代替它。而"可能"这两个字的意思也就是——你认为你行，你就行。

记住："假如你们有像一粒芥菜种子那么大的信心，便没有任何事情是你们不能做的。"把这段话写在一张卡片上，放在你的钱包里随身带着。更好的做法是，把这段话明白地写进你的头脑之中，遵照这去做，而且一定要做到，然后在最深的意识里你就一定会掌握这段话的真谛，你就会完成了不起的事业。

为了获得善果，你应该建立瞧不起"不可能"的态度。你应该用科学的方法来审视这个观念，人们认为某件事不可能做成，实际上只表示他对事实认识不够，"不可能"是沿着一种错误观念所产生的说法。

一切都可能改变

在不可能的地方看见可能性

战胜不可能的关键是：在别人认为不可能的地方看见可能性；在别人怠惰放弃时，仍坚持不懈；在别人知难而退时，勇往直前；在眼前没有光明和希望时，仍奋力拼搏。

如果你走在路上，眼前有一块大石挡路，你是将之看成阻碍前进的绊脚石，还是跨向成功的踏脚石？

美国企业家比尔·伯谢打算买下芝加哥郊区的一大片土地，准备盖一栋超大型的购物商场。

该公司的法律顾问在查阅了许多资料之后，非常紧张地跑来跟比尔说："商场这个计划恐怕行不通。"

比尔问："怎么回事呢？"

法律顾问回答："这片地中间是属于芝加哥洪水管制区，依法是不能盖任何房子的。"

比尔拍拍法律顾问的肩膀说："法律未必是完善的，不能因此小事就放弃远大计划。"

法律顾问犹豫地说："可是……可是……"

比尔说："别可是了，他们都能在铁路上盖大厦了，我们为什么不能让小河从屋子下流过呢？照原定计划进行吧！"

不久后，比尔开始发动请愿与游说，没多久那条法令就修改了，而他的商场计划，也顺利进行着。

拥有坚强的意志力，等于拥有成功的保证。

许多人喜欢在还没有做一件事之前就先给自己打了回票，"做不到"、"不可能"、"没办法"……爱迪生不觉得"做不到"，所以成为发明大王；莱特兄弟不觉得"不可能"，所以发明了飞机；杨致远不觉得"没办法"，所以创立了雅虎。

美国事业家罗宾·维勒的成功秘诀是"永远做一个不向现实妥协的叛逆者"。

21

罗宾·维勒的言行是一致的，就在他的领导下，使无数个不可能成为了可能。

罗宾·维勒以前经营着一家小规模的皮鞋厂，只有十几个雇员。

他很清楚自己的工厂规模小，要挣到大钱是很困难的。资本少，规模小，人力资源又不够，无论从哪一方面都不能和强大的同行相抗衡。

那么，该怎样改变这种局面呢？

罗宾面前摆着两条路：

一是提高鞋料的成本，使自己的产品在质量上胜人一筹，然而在现在这种情况下，自己的成本原本就比别人的高，若再提高成本，那么就只能赔钱卖了。所以，这条路现在根本不可行。

再有就是在款式上下工夫。只要自己能够翻出新花样、新款式，不断变换，不断创新，就可以为自己打开一条新的出路。罗宾认为这个主意不错，并决定走这条道路。

随后，他立即召集工厂的十几个工人开了个皮鞋款式改革会议，并要求他们各尽所能地设计新款的鞋样。

罗宾还特设了一个奖励办法：凡设计出的样式被公司采用者，可得到 1000 美元的奖励；若是通过改良被采用的，奖励 500 美元；即使没被采用，但别具匠心的仍可获得 100 美元的奖励。

号召很快就被响应，没过多久，被采纳的 3 款鞋样便试行生产了，当然这 3 名设计者也分别得到了应得的 1000 美元的奖励。

第一批生产出的产品，被送往各大城市进行推销。

顾客都很欣赏这些款式新颖的皮鞋，这些皮鞋在很短的时间内便被抢购一空。

两个星期后，罗宾的工厂便收到了 2700 多份订单，这使得工人们开始加班加点。生意越来越大，公司也在原来的规模上，扩充成为有 18 家分厂的规模庞大的工厂了。

没过多久，危机又出现了，当皮鞋工厂一多起来，做皮鞋技工便显得供不应求了。这时，其他的工厂也都在出重资挽留自己的工人呢，即使罗宾提高工资，也难以把工人从其他工厂拉过来。没有工人，工厂将难以维持，这是最令罗宾头痛的事情了。他接了不少

一切都可能改变

订单，但如在规定的期限内交不上货，那么他将赔偿巨额的违约金。

罗宾为此煞费脑筋。

他召集 18 家皮鞋工厂的工人开了一次会议，他想众人协力，定能把问题解决。

罗宾把缺少工人的难题告诉大家，并宣布了那个动脑筋有奖的办法。

会场陷入了寂静，人们都在埋头苦想。

过了片刻，一个不起眼的小伙子举起了右手，在罗宾应允后，他站起来发言："罗宾先生，工人少，我们可以用机器来制造皮鞋。"

罗宾还未表态，底下就有人嘲讽说："小伙子，用什么机器造鞋呀？你能给我们造台这样的机器吗？"

那小伙子听了，怯生生地坐回了原位。

这时罗宾却走到了他的身旁，然后挽着他的手把他拉到了主席台上朗声向大家宣布："诸位，这小伙子说得很对，虽然他还造不出这种机器，但这个想法很重要，很有用处。只要我们沿着这个思路想下去，问题肯定会很快解决的。"

"我们永远不能安于现状，不能把思维局限于一定的框架之中，这样我们才能不断创新。现在，我宣布这个小伙子可获得 500 美元的奖金。"

通过四个多月的大量研究和实验，罗宾的皮鞋工厂中的很大一部分工作已经被机器取代了。

罗宾·维勒，这个美国商业界的奇才，就像一盏指路明灯照亮了美国商业界的前途。他的成功证明了：只有那些相信自己，并使"绝不可能"成为"可能"的人才能抵达胜利的彼岸。

杰出的人，通常总是通过改变自己的心态和发问方式，最终将"绝不可能"变为"绝对可能"。他们是如何做到这点的呢？

1. 重新发问：把"怎么可能"改为"怎样才能"

发问方式，往往决定了解决问题的不同结果。如果你发出"怎么可能"的疑问，百分之百就会就此打住，不可能再进一步。但是，假如你将焦点集中在了思考"怎样才能"，效果就会完全不一样。

假如你是一个只有 19 岁的穷大学生，连上学的钱都不够，能够

23

在不偷不抢、也不从事任何其他非法的行动，而是完全凭自己的智慧在短短 1 年内赚到 100 万美元吗？

我估计：大多数人听到这样的问题，都会说："绝不可能！"

如果我再问一句："你相信有这样的人吗？"可能还是会有人说："绝不可能！"

但是我要告诉你：大多数人认为"绝不可能"的事，真的就有人做到了。

这个人名叫孙正义，日本"软银集团"的创始者，一个被誉为"互联网投资皇帝"的人。全世界没有一个人，包括比尔·盖茨，能够拥有比他更多的互联网资产，他投资的雅虎等互联网资产，占有全球互联网资产的 7%。

这个身高仅仅 1.53 米的矮个子男人，19 岁时就制定了自己 50 年的人生规划，其中一条，就是要在 40 岁前至少赚到 10 亿美元。如今他 40 多岁，这个梦想早已成了现实。

看看他是如何利用智慧赚到人生第一个 100 万美元的。

在制定人生 50 年规划时，他还是一个留学美国的穷学生，正为父母无法负担他的学费、生活费而发愁。他也有过到快餐店打工的想法，但很快就被自己否定了，因为这与他的梦想差距太大。左思右想之后，他决定向松下学习，通过创造发明赚钱。于是，他逼迫自己不断想各种点子。一段时间内，光他设想的各种发明和点子，就记录了整整 250 页。

最后，他选择了其中一种他认为最能产生效益的产品——"多国语言翻译机"。但这时问题却上来了：他不是工程师，根本不懂得怎么组装机子。但这难不住他，他向很多小型电脑领域的一流著名教授请教，向他们讲述自己的构想，请求他们帮助。

大多数教授拒绝了他，但最终还是有一位叫摩萨的教授答应帮助他，并为此成立了一个设计小组。这时孙正义又面临着另一个问题：他手上没有钱。

怎么办？这也难不倒他，他想办法征得了教授们的同意，并与他们签订合同：等到他将这项技术销售出去后，再给他们研究费用。

产品研发出来后，他到日本销售。夏普公司购买了这项专利，

一切都可能改变

并委托他再开发具有法语、西班牙语等 7 种语言翻译功能的翻译机。这笔生意一共让他赚了整整 100 万美元。

从他的经历中，得出一个理念：一个人只要开通"脑力机器"去解决问题，就能创造奇迹！而能创造这种奇迹，关键在于改变发问方式：将否定式的疑问——"怎么可能"，变为积极性的提问——"怎么才能"？

将思想聚集在"怎么可能"的怀疑上，你就会压抑自己的智力潜能，把可能实现的东西扼杀在摇篮之中；将思想聚焦在"怎么才能"的探索上，你的脑力机器就会开动起来，把各种"不可能"变为可能1

2．不为"定论"屈服

20 世纪 50 年代初，美国某军事科研部门着手研制一种高频放大管。科技人员都被高频率放大能不能使用玻璃管的问题难住了，研制工作因而迟迟没有进展。后来，由发明家贝利负责的研制小组承担了这一任务。上级主管部门在给贝利小组布置这一任务时，鉴于以往的研制情况，同时还下达了一个指示：不许查阅有关书籍。

经过贝利小组的共同努力，终于制成了一种高达 1000 个计算单位的高频放大管。在完成了任务以后，研制小组的科技人员都想弄明白：为什么上级要下达不准查书的指示？

于是他们查阅了有关书籍，结果让他们大吃一惊，原来书上明明白白地写着：如果采用玻璃管，高频放大的极限频率是 25 个计算单位。"25"与"1000"，这个差距有多大！

后来，贝利对此发表感想说："如果我们当时查了书，一定会对研制这样的高频放大管产生怀疑，就会没有信心去研制了。"

人很容易向定论屈服。而不被定论所左右，往往就会超越定论。

3．"熬"到问题投降

创造性思维，常常是熬尽脑汁训练出来的。要具有好的创造性思维，除了珍视智慧的火花，以开放的心灵去拥抱新的理念、构想外，更要沉得住气，勇于接受、忍受思维在一段时期内的"痛苦折磨"。

许多人并不傻，也不是没有智慧的火花，但为什么会最终败下

25

阵来，或所获甚微，原因就是不能"熬"。相反，那些成大器的人物，都具有长久地对一个问题保持专心致志的能力，他们都有非同凡响的"熬"功。

牛顿正是"熬"到问题投降的杰出代表。正如凯因斯在分析牛顿的文章中指出的："他特有的才能就是他能把一个纯粹的智力问题，在头脑中保持下去，直到完全弄懂为止。我想他卓越的才能是由于他有最强的直觉能力和上帝赋予的最大忍耐力……""我相信：牛顿能把一个问题长久地放在头脑中一连数小时、数天、数星期乃至更久，直到问题向他投降，并说出它的秘密。"

4. 战胜"约拿情结"

"约拿情结"源于圣经中的约拿的故事。约拿平时一直渴望得到上帝的宠幸。有一次，机会来了，上帝派他去传达圣旨，这本是一桩神圣光荣的使命，平生的宿愿终于可以完成了。但是，面对突然到来的、渴望已久的荣誉，约拿却莫名其妙地胆怯起来，最终，他逃避了这一神圣的使命。

美国心理学家马斯洛根据这一故事，提出了"约拿情结"的概念，其含义是："我们害怕自己的潜能所能达到的最高水平。在我们最得意的时候，最雄心勃勃的瞬间，我们通常会害怕起来……我们会感到害怕、软弱和震惊……我们既怕正视自己最低的可能性，同时又怕正视自己最高的可能性。"

"约拿情结"是一种看似十分矛盾的现象。人害怕自己最低的可能性，这可以理解，因为人人都不愿意正视自己低能的一面。但是，人们会害怕自己最高的可能性，这很难理解。但这的确是存在的事实：人们渴望成功，又害怕成功，尤其害怕争取成功的路上要遇到的失败，害怕成功到来的瞬间所带来的心理冲击，害怕取得成功所要付出的极其艰巨的劳动，也害怕成功所带来的种种社会压力……

"约拿情结"，说透了就是不敢向自己的最高峰挑战。但如果我们逼迫自己勇攀最高峰，总有一天就会发现：所有我们以往畏惧的东西，都会被我们踩在脚下！

勇敢向不可能的任务挑战

有时候看似困难的任务，只要你能够稍微再努力一下，其实，困难就马上解决。

古代波斯（今伊朗）有位国王，想挑选一名官员担任一个重要的职务。

他把那些智勇双全的官员全都召集起来，试试他们之中究竟谁能胜任。

官员们被国王领到一座大门前，面对这座国内最大、来人中谁也没有见过的大门，国王说："爱卿们，你们都是既聪明又有力气的人。现在，你们已经看到，这是我国最大最重的大门，可是一直没有被打开过。你们之中谁能打开这座大门，帮我解决这个许久没能解决的难题？"不少官员远远望了一下大门，就连连摇头。有几位走近大门看了看，退了回去，没敢去试着开门。另一些官员也都纷纷表示，没有办法开门。这时，有一名官员却走到大门下，先仔细观察了一番，又用手四处探摸，用各种方法试探开门。几经探视之后，他抓起一根沉重的铁链，没怎么用力拉，大门竟然开了。

原来，这座看似非常牢固的大门，并没有真正关上，任何一个人只要仔细观察一下，并有胆量试一试，比如拉一下看似沉重的铁链，甚至不必用多大力气推一下大门，都可以将它打开。如果连摸也不摸，连看也不看，自然会对这座貌似坚牢无比的庞然大物感到束手无策了。

国王对打开了大门的大臣说："朝廷那个重要职务，就请你担任吧！因为你没有限于你所看到的和听到的，在别人感到无能为力的时候，你却会想到仔细观察，并有勇气尝试。"他又对众官员说："其实，对于任何貌似难以解决的问题，都需要开动脑筋仔细观察，并大胆冒险，大胆尝试。"

那些没有勇气试一试的官员们，一个个都低下了头。

第一章 不要轻易说『不可能』改变

也许，生活当中并不缺少成功的机会，只是我们像故事中的大臣们一样，陷进了固定思维中，认为完成这个任务是不可能的。思维的框架让人容易产生怯懦的心理，终究没有勇气去尝试而流于平庸。成功者与失败者之间的分水岭，有时并不在于他们之间有天大的差距，而在于一点小小的勇气。当我们超越众人禁锢得有些麻木的思想，勇敢地迈出那一步时，我们会惊喜地发现，原来成功的门对我们从不上锁。

还有一个类似的故事。1986 年在墨西哥奥运会的百米赛道上，美国选手一吉·海因一举突破了 10 秒大关，创造了当时人们认为不可能的 9.9 秒的世界纪录。这时，吉·海因说了一句话，因为没有话筒，所以没人知道他说了一句什么话。直到 1984 年，一位叫戴维·帕尔的记者问他时，吉·海因回答："我说的是'上帝啊，那扇门原来是虚掩着的'。"

吉·海因说的这句话令人震撼，因为他认为 10 秒的那扇门不是完全紧闭的，只要你愿意，就一定能把那扇门打开。

高斯在用一个圆规和一把没有刻度的直尺画正十七边形时，他用他学过的所有知识，挖掘自己智慧潜能，经过长时间反复思考，最后终于解出了这一世界性的数学难题和悬案，他成功地打开了又一扇别人觉得不可开启的大门。

由此可见，世界上没有不可能的事，只要有决心，有方法，就是所有人都认为不可能的事也会成为可能，最后变为现实。

其实，世界上所有的成功人士都有一个共同特点，那就是敢于向不可能挑战。

日本保险女神柴田和子，向不可能挑战，一年创下 804 位业务员业绩总和的惊人业绩。1988 年，更是创造了世界寿险业绩第一的奇迹，荣登吉尼斯世界纪录。此后逐年刷新纪录，至今无人打破。

埃里森，向不可能挑战，连续 20 多年向比尔·盖茨下战书，结果在他的领导下，1999 年甲骨文公司销售额突破 100 亿美元，赢利超过 30 亿美元，一年内增长了 40%。2000 年 9 月，公司市值达到 1840 亿美元。而埃里森在《财富》杂志本年度富人排行榜上跃升到第 2 位，在向不可能挑战的强烈企图心的驱使下，埃里森的财富增长速度之快是始料不及的。

在 1888 年的大选中，美国银行家莫尔当选为副总统，在他执政期间，声誉卓著。当时，《纽约时报》有一位记者偶然得知这位副总统曾经是一名小布匹商人，感到十分奇怪：一个小布匹商人到副总统，为什么会发展得这么快？带着这些疑问，他访问了莫尔。

莫尔说："我做布匹生意时也很成功。可是，有一天我读了一本书，书中有句话深深打动了我。这句话是这样写的：'我们在人生的道路上，如果敢于向高难度的工作挑战，便能够突破自己的人生局面。'这句话使我怦然心动，让我不由自主地想起前不久有位朋友邀请我共同接手一家濒临破产的银行。因为金融业秩序混乱，自己又是一个外行，再加上家人的极力反对，我当时便断然拒绝了朋友邀请。但是，在读到这一句话后，我的心理有种燃烧的感觉，犹豫了一下，便决定给朋友打一个电话，就这样，我走入金融业。经过一番学习和了解，我和朋友在一起从艰难开始，渐渐干得有声有色，度过了经济萧条时期，让银行走上了坦途，并不断壮大。之后，我又向政坛挑战，成为副总统，到达了人生辉煌的顶端。"

生命是自己的，想活得积极而有意义，就要勇敢地挑起生命中的重任。向不可能的高难度工作挑战，这是对自己生命的提升，也是让人生价值最大化的一个捷径。

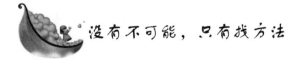

没有不可能，只有找方法

以前的人一定认为"人不可能比猎豹跑得快"，我们知道，那是因为他们还没有找到发明汽车的方法；现在的人一定认为"太阳不可能从西边出来"，未来的人可能会说，那是因为我们还没有找到让人类能居住在另一个"太阳正好从西边出来"的星球上的方法而已。

没有不可能，只有找方法。让我们不要给自己太多的框框，不要总是"自我设限"。

当年亨利·福特决定生产他的著名的 V8 型引擎时，他决定要将

29

第一章　不要轻易说『不可能』改变

8 只汽缸铸造成一个整体，并命令他的工程师们设计这种引擎。设计的蓝图是画出来了，但是工程师们一致认为，要铸造一个 8 支汽缸的引擎体是不可能的。

福特说："无论如何也要设法生产这种引擎。"

工程师们同声回答："这是不可能的。"

福特命令说："继续去做，直到你们成功为止，不管需要多少时间。"

这些工程师便继续去做。如果他们想在福特公司做事，除此之外别无选择。6 个月过去了，毫无成果。又 6 个月过去了，仍旧没有成果。工程师们试尽了各种可能设想的方案，以执行这一命令，但是这件事似乎毫无办法可想，"根本不可能"！

在年终时，福特和工程师们讨论，他们再度告诉他，他们尚未找到执行他命令的方案。

"继续做"，福特说，"我要这种引擎，我一定要得到它。"

他们继续去做，于是，好像出了奇迹，诀窍被发现了。

"没有不可能，只有找方法"，其实，这条信念蕴藏着两层含义：一层是告诉大家，一切皆有可能，不要用不可能来限制自己的思维；另一层是说，方法总比困难多，只要耐心寻找，坚持到底，没有解决不了的问题。

在变化的市场环境中，不要说没有市场机会，不要认为以小搏大，以弱胜强是不可能的。要相信"没有不可能，只有找方法。"

中国台湾某公司，刚打入中国大陆市场的时候，业绩很不理想。第二年，新上任的总经理召开动员会，对中层干部说："我们明年的营业收入目标为 5000 万元。"下面的干部听完后，唧唧喳喳地议论，"总经理是不是疯了，我们今年才刚刚完成 400 万元，明年要增长 12 倍多，根本不可能。"于是，有一位干部当场就对总经理说："目前，市场竞争得很激烈，对于 5000 万元这个目标，我们是无论如何无法完成的，您还是重新确定一个切合实际的目标吧。"总经理耐心地对大家说："没有不可能，只有找方法。我已经做过市场分析，我们完全有机会达到这个目标。我们担心完不成目标，是因为我们还没有找到有效的方法，我们不应该把注意力放在'不可能'3 个字上面，应该努力寻找解决问题的方法。"会后，大家开始讨论如何完成明年的任务。通过分析得出，完成目标的关键是产品销量一定要扩大，目前的销售模式是把产品送入大型商场一个渠道销售。要想扩大销量必须变革渠道，后来大家想出，通过加盟连锁的方式，在全国范围开设品牌专卖店。通过一年的努力，加盟商遍布全国各地。公司员工自豪地说："我不带钱可以在全国旅游，因为全国各地都有我们的分支机构和加盟店，包括西藏和新疆。"年底结算，公司超额完成了5000万元的销售目标。

总经理在年终总结大会上又提出下一年的目标是1亿元，下面还是纷纷议论，有人说"总经理有毛病，这简直是天文数字，根本不可能完成。"但总经理还是那句话："没有不可能，只有找方法。"这一年，他们在全国继续发展加盟连锁的同时，把产品销往全世界，做国际市场。同时，加紧品牌的国际化建设。到年底时真就完成了1亿元的销售目标。

现在，这家公司的全体上下，都有一个共识，任何事情都没有不可能，只要方法正确，一切皆有可能。

假使"不可能"已成为一个人或一个企业的"口头禅"，他们已习惯对自己说"这不可能，那不可能"，这样的氛围也许就会注定他们在竞争的大潮中难有辉煌，并最终被那些不说"不可能"只专注找方法的人所淘汰。

三国时代，蜀汉大将关公，曾经降服了一个叫周仓的山贼做他的侍卫。周仓力大无穷，可惜生性粗心大意，不大用头脑。这一天，关公骑马，周仓步行，两人来到一棵树荫下休息。见树下有一群蚂蚁在爬，关公便对周仓说："周仓，你打这些蚂蚁看看。"周仓伸出拳头，用力一打，地面凹进一块，蚂蚁却没事；再用力一打，手痛得哇哇大叫，蚂蚁还是若无其事。周仓眼见小小蚂蚁都打不死，急得满面通红。关公说："看我的。"只见他伸出食指，轻轻一揉，蚂蚁一下死了好几只。周仓看得目瞪口呆，关公便对他说："有很大的勇气和力量固然是好事，但还要懂得运用智慧和谋略，才能做大事，成大器。"

做事情若靠蛮力，而不懂得运用技巧，效果就会大打折扣。好

31

比打棒球，你本来具有能打出全垒的力气，但假如你不用心选球、不知道用正确的姿势来挥棒的话，往往就会被三振出局。想要事情做得好，就必须善用你的头脑。

松下公司非常重视对善于找方法去工作的员工的选拔和考核。

有一次，日本松下公司准备从新招的3名员工中选出一位做市场策划。于是，就对他们进行例行上岗前的"魔鬼"考核。

公司将他们从东京送往广岛，让他们在那里生活一天，按最低标准给他们每人一天的生活费用2000日元（约合人民币160元），最后看他们谁剩回的钱多。剩是不太可能的，这点谁都明白，想要"剩"回的钱多，就必须利用自己的智慧，让2000日元的生活费在短短的一天里生出更多的钱来。

做生意是不太可能，一罐乌龙茶的价格是300日元，一听可乐的价格是200日元，住一夜最便宜的旅馆就需要2000日元……也就是说，他们手里的钱仅仅够在旅馆里住一夜，要不然就别睡觉，要不然就别吃饭，除非他们在天黑之前让这些钱生出更多的利润。而且他们必须单独生存，不能联手合作，更不能给人打工。

第一个员工非常聪明，他用500日元买了一个黑墨镜，用剩下的钱买了一把二手吉他，来到广岛最繁华的地段——新干线销售大厅外的广场上，演起了"盲人卖艺"。半天下来，他的大琴盒里已经是装满了钞票。

第二个员工也非常聪明，他用500日元做了一个大箱子，上面写着："将核武器赶出地球——纪念广岛灾难40周年暨为加快广岛建设大募捐"。他把募捐箱放在最繁华的广场上，然后用剩下的钱雇了两个中学生做现场宣传演讲。还不到中午，他们的大募捐箱就满了。

第三个员工或许太累了，他做的第一件事情就是在中午找个小餐馆，一杯清酒、一份生鱼、一碗米饭，好好地吃了一顿，一下子就消费了1500日元。然后钻进一辆被当作垃圾抛掉的旧丰田汽车里，美美地睡了一觉……

广岛人真不错，前两位先生的"生意"异常红火，一天下来，他们都窃喜自己的聪明和不菲收入。谁知，傍晚时分，噩运降临到他们头上，一位佩带胸卡和袖标，腰挎手枪的城市稽查人员出现在广场上，只见第一个员工扔掉了"盲人"的墨镜，摔碎了用来卖艺的吉他；第二个员工被撕破了"募捐"的箱子，赶走了被雇的学生。稽查人员没收了他们的财产，收缴了他们的身份证，还扬言要以欺诈罪起诉他们，然后扬长而去。

这下完了，别说赚钱了，连老本都要亏进去了。他们都气愤地骂那个稽查人员："太黑了，简直是个魔鬼！"

当他们想方设法借了点路费，狼狈不堪地在比规定时间晚一天返回松下公司时——天哪，那个"稽查人员"正在公司恭候，"稽查人员"掏出两个身份证递给他们，深鞠一躬：不好意思，请多关照！

是的，他就是那个在饭馆里吃饭，在汽车里睡觉的第三个员工，他的投资是用 150 日元做了一个袖标、一枚胸卡，花 350 日元从一个捡垃圾的老人那儿买了一把旧玩具手枪和一脸化装用的络腮胡子，当然，还有就是花 1500 日元吃了顿饭。

这时，松下公司国际市场营销部总课长宫地孝满走出来，一本正经地对站在那里怔怔发呆的"盲人"和"募捐人"说："企业要生存发展，要获得丰厚利润，不仅仅要会吃市场，最重要的是懂得怎样吃掉吃市场的人。"

故事里这位懂得吃掉市场的人，无疑是三者中最讲方法和策略的。他的成功胜出让我们看到"方法"所能产生的作用和能量。善于寻找方法去解决工作中的问题和困难，是一个人决胜的根本，更是一个企业保持旺盛竞争力的保障。企业永远呼唤主动寻找方法挑战困难的员工，这样的人才是企业的福音。

过去不等于未来！昨天不可能让我们忘去，今天，我要说今天我们告诉自己没有不可能，也许是我们没有找到正确的方法！将注意的焦点永远集中在找方法上，而不是在找借口上。坚信成功一定有方法，失败定有原因！千万别说不可能，赶快专注找方法。

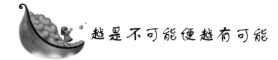

越是不可能便越有可能

越是一般人认为不可能的事情，其实越有可能做到。大家认为不可能，必然谁也不去关注，谁也不去攻击，谁也不去设防，不可能实现的事情必然没有竞争对手，你正好独身一人乘虚而入。军事上"不可能"成为"可能"的战役屡屡发生，商家应从中有所悟。

1939年9月1日拂晓，德国军队经过精心准备，突袭波兰。波兰军队仓皇应战，虽有一定的抵抗能力，但因准备不足，兵败如山倒。9月3日，英法两国对德宣战，第二次世界大战从此爆发。

法国并非波兰，法国兵力强大，拥有二三百万大军和先进的武器装备，国内的经济实力也不比德国差。特别是，法国还拥有一条坚不可摧的马其诺防线。为了防备德国进攻，法国早在10年前就精兵构筑了防线，从瑞士到比利时之间的东部国境的防御体系，一直修筑了6年。法国当时是欧洲最大的陆军强国。

1940年，德军绕过这条固若金汤的防线攻入法国，德国装甲师选择了一条道路，正是法国将军们认为不可能为坦克所穿过的地带，防线失去作用。结果，一个月，法军顷刻溃亡。

成功是因为战胜"不可能"，失败是认为"不可能"，德国的一次重大失败，就是因为认为"不可能"。

在第二次世界大战后期，盟军选择的登陆及向德军反攻的地点是诺曼底，那里的海浪及岩石海岸使德国认为，任何规模的登陆都不可能选择在这样恶劣的地点进行，而疏忽了对诺曼底地区的防备。盟军乘机成功登陆诺曼底，从而开辟了欧洲第二战场，加速了德国法西斯的灭亡。

在战争中，这种"越是不可能便越有可能"的战例还有很多：

在史称"布匿战争"之中，迦太基的统帅汉尼拔率军越过山高坡陡、道路崎岖、气候恶劣、积雪终年的阿尔卑斯山，这条道路是一条被认为不可能穿过的路径。罗马人做梦也想不到汉尼拔如此神速地出现在面前，猝不及防。

在电影《智取华山》中，山上的国民党残余军队的方司令，坚信"自古华山一条路"，只要守住这条艰路就万无一失。解放军从山后的峭壁攀登上去，一条不可能是人走的路被勇士们走通了。

在商业中也是如此。许多事情看似不可能，其实是被常规思维束缚，打破了常规思维，许多不可能就会变为可能。

例如，水的声音可以卖钱看起来毫不可能，但是美国有个名叫费涅克的人，四处周游，灵机一动，用立体声录下了许多小溪、小河、小瀑布的"潺潺之声"，复制后高价销售。买"水声"者居然络绎不绝。德国一家酒店抓了不少青蛙，这种青蛙发出的有韵律的叫声，被誉为大自然的美妙乐章。店主灵机一动，便推出一台"青蛙音乐晚会"，每位交 150 美元可以享受 5 个晚上的青蛙"乐章"，因而获利甚丰。水声、蛙声，对某些人来说不可能赚钱，有人却可以大赚其钱。法国的一位小男孩 7 岁时，创办了一个专门提供玩具信息的网站。当时，没有一个人把他放在眼里，没有一家同类的公司与之为敌，也没有哪家行业工会来找他签订行业约束条款。他们认为，那个网站只是一个孩子的游戏，成不了什么气候。谁知结果却出人意料，这位小男孩不仅把网站做大了，而且在他 10 岁时，就通过广告收入，成了法国最年轻的百万富翁。

在美国华尔街上，股神巴菲特经常让人们在感叹：越是不可能便越有可能。

1973 年，全世界没有一个人认为曼图阿农场的股票能够复苏，有的甚至认为，曼图阿不出 3 个月就会宣告破产。然而，巴菲特不这样看，他认为，越是在人们对某一股票失去信心的时候，这只股票越可能是一处大金矿。果然，在他以 15 美分的价格买入 10000 手之后，不到 5 年，他就赚了 4700 万美元。众所周知，现在他已是紧排比尔·盖茨之后的大富翁了。

其实，在巴菲特之前，还有一个能把越是不可能变成越有可能的"强人"，他就是李嘉诚。

2006 年福布斯"全球富豪榜"中，他以 188 亿美元的资产跃居第十位。

1965 年，35 岁的巴菲特开始显露头角，他投资的"巴菲特合伙人有限公司"开始私募基金，而他个人财富总额达到 400 万美金；1965 年，30 岁的杰克·韦尔奇竟然是李嘉诚的同行，一名通用电气塑胶事业部普通员工；1965 年，10 岁的比尔·盖茨正在西雅图的公立小学就读三年级；1965 年，迈克·戴尔出生；1965 年，37 岁的李嘉诚身家过亿，世界知名，盖茨家餐桌上摆放的塑胶花也许就是出自李嘉诚的工厂……

李嘉诚之所以能比其他成功者更早地迈向成功之路，就是因为有"不走寻常路"的经营思路。当别人认为不可能的时候，他相信，越是不可能便越有可能。

例如，在 1960 年中期，内地的局势令香港社会人心惶惶，富翁们纷纷逃离，争着廉价抛售产业。李嘉诚正在建筑中的楼房也被迫停工，如果按当时的地产价格来算，他简直可说是全军覆没了。但他沉着应变，仔细分析局势。认为内地肯定会恢复安定，香港将进一步繁荣发展。在别人大量抛售房地产时，李嘉诚却反其道行之，将所有资金都来收购房地产。朋友们纷纷劝他不要做傻事，他说："我看准了不会亏本才敢买，男子汉大丈夫还怕风险？"

李嘉诚成功了。70 年代初，香港房地产价格开始回升，他从中获得了双倍的利润。到 1976 年，李嘉诚公司的净产值达到五个多亿，成为香港最大的华资房地产实业。此后，李嘉诚节节高升，成为全球华人中的首富。

大多数人认为不可能做到的事肯定是件十分困难，甚至是难以想象的事。因为太难，所以畏难；因为畏难，所以根本不去问津；不但自己不问津，认为别人也做不到。其实，只要是符合科学规律，世上没有什么不可能办到的事，办成只是个时间早晚而已。客观上没有"不可能"，并不等于主观上没有"不可能"，如果主观上认为"不可能"，那就真的不可能了；主观上认为"可能"，那么，任何暂时的"不可能"终究会变成"可能"。人类的创造力使不可能变成可能，而一种可能性的诞生，又会带来诸多新的不可能，以次更迭，人类一步步地从过去走向未来，从不可能走向可能。

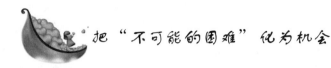

把"不可能的困难"化为机会

美国通用汽车公司收到一封客户抱怨信:"我们家每天在吃完晚餐后都会以冰淇淋来当我们的饭后甜点。冰淇淋的口味很多,我们家每天在饭后才投票决定要吃哪一种口味,等大家决定后我就开车去买。但自从最近我买了一部新车庞帝雅克后,问题就发生了。每当我买的冰淇淋是香草口味时,我从店里出来车子就发不动,但如果我买的是其他的口味,车子发动就很顺利。"

谁看到这种信都会大笑一声,认为这个顾客是无理取闹,但是,通用公司的总经理却派了一位工程师去查看究竟。

第一晚,买巧克力冰淇淋,车子没事。第二晚,买草莓冰淇淋,车子也没事。第三晚,买香草冰淇淋,车子又发不动了。

真的会有这种怪事!工程师记下从头到现在所发生的种种详细资料,如路程、车子使用油的种类、车子开出及开回的时间……他有了一个结论,这位仁兄买香草冰淇淋所花的时间比其他口味的要少。

香草冰淇淋是所有冰淇淋口味中最畅销的口味,店家为了让顾客每次都能很快地取拿,将香草口味特别分开陈列在单独的冰柜,并将冰柜放置在店的前端,至于其他口味的则放置在距离收银台较远的后端。为什么这部车从熄火到重新激活的时间较短时就发动不了?答案应该是"蒸气锁"。当顾客买其他口味时,由于时间较长,汽车引擎有足够的时间散热,重新发动时就没有问题。但是买香草口味时,由于花的时间较短,以至于无法让"蒸气锁"有足够的散热时间。

"不可能"中蕴涵着"机会"。通用汽车公司通过这样一件看似根本不可能发生的小事情,发现了自己汽车设计上的小问题,也圆满解答了顾客的疑问,结果可想而知,自然是顾客满意,通用汽车赢得了技术进步和市场荣誉。

如果那位经理觉得那位顾客神经有毛病,或者认为根本不值得研究这些奇怪问题,那样,他可能会失去了一个解决问题的机会。

第一章 不要轻易说『不可能』改变

有人认为是不可能的事情，但有人认为就是机会。美国一位出版商，有一种滞销书在他手上积压了好长时间也无法脱手。愁苦之际，他突然想到应该找一位大人物来帮他。于是他给美国总统送去了一本，并三番五次地去征求总统的意见。总统日理万机，根本没有时间去看他的书，于是便礼节性地说："这本书不错。"出版商便大做广告："现在有总统喜欢的书出售。"果然，不出几天，那本滞销的书便被抢购一空。后来，出版商又有一种书滞销，他就又给总统送去了一本。总统不愿再上当，没好气地说："这本书糟糕透了。"谁知，没出多久这本书还是脱销了。原来，这次的广告语变成了——现在有让总统讨厌的书出售。当这位出版商第三次将书积压在手中时，他还是想到了总统。总统拿到书后，接受教训，任凭出版商再三征求意见，他就是不做任何回答。结果是出版商又发了财，而总统哭笑不得。因为这次的广告语是——现在有让总统下不了结论的书出售，欲购从速。

如果以上这则事例可以当笑话来听，那么，前美国总统布什夫妇帮助中国卖自行车却是真有其事。1987 年天津自行车厂闻讯美国总统布什和夫人即将访华，与此同时得到的一个消息是，布什早在 1974 年担任美国驻中国联络处主任时，和夫人经常骑自行车穿行于北京的大街小巷。自行车厂的领导游说有关部门，说布什夫妇非常喜欢骑自行车，而天津自行车厂愿意向外事接待部门免费提供特制的"飞鸽"牌自行车两辆。1989 年 2 月 25 日下午，布什夫妇抵达北京后，在钓鱼台国宾馆，政府将两辆色彩明快的"飞鸽"自行车作为国礼赠送给了布什夫妇。布什不断夸赞着车子，还兴致勃勃地在众多记者面前做出试骑的样子。一时间，世界各大新闻社、著名报刊、影音媒体以《美国总统喜得飞鸽车》《飞鸽——和平的使者》《布什将在白宫骑上飞鸽》等标题大幅报道，"飞鸽"自行车一夜之间名扬世界。

天津自行车厂此举并非首创。在此之前的 1984 年，美国总统里根访华，临别前要举行答谢宴会。长城饭店看中了这一时机，硬是说服有关方面，破除了这样的宴会一般都是在人民大会堂举办的惯例，终于将里根总统"请"进了开业不久的长城饭店。世界各地的新闻记者在追踪里根行程的同时，也让长城饭店的名声传遍了全世界。

一切都可能改变

　　与此相似的事例，在尼克松的身上也发生过。1959 年，为进军前苏联市场，百事可乐董事长唐纳德·肯特亲临莫斯科博览会现场，凭借和当时任美国副总统的尼克松的私交，他要求尼克松在陪同前苏联领导人参观时，想办法让赫鲁晓夫喝一杯百事可乐。尼克松大概是跟赫鲁晓夫打了招呼，因此赫鲁晓夫在路过百事可乐展台时，拿起一杯百事可乐品尝。此举对百事可乐来说，无疑是一个特殊的、影响力巨大的广告。百事可乐领先可口可乐在前苏联市场站稳了脚跟。

　　有专家调查，人们只使用了自身全部能力的 3% 左右，而绞尽脑汁地思谋对策时，则会调动出平时未使用的 97% 的潜能。所以，工作中遭遇挫折、阻力时，千万不要轻言退缩。事实上，即使身陷问题深渊，只要你改变自己的思考方式，利用逆向思维，就会发现：将自己逼入绝境的困难和挫折，正是开掘无限潜能的绝好机会。从问题中发现并把握机会，就能变不利局面为有利局面。

　　对于人生来说，也是一样。对于优秀的人，不论所面对的问题难度有多大，他们所做的，首先是坦然地接受"问题"事实，然后对这个问题作出冷静、清晰的分析，积极行动，让隐藏在问题背后的机会浮出水面。因此，每当困难到来，他们总会高兴地说："太好了，又有巨大的机遇等着我去发现。"

　　国际影星奥戴丽·赫本曾立志做一名芭蕾舞演员，但老师却认为她不具备这方面的才华，她非常难过，后来她进军好莱坞。凭借高超的演技和天使般的形象，奥戴丽·赫本成为一名深受世界各国人民喜爱的电影明星。

　　日本著名作家井伏鳟二，从少年时代起便爱好绘画。毕业实习后更是迫不及待地要进入日本绘画行业，却被一一拒之门外。梦想破灭之后，井伏鳟二决定开辟一条新的发展之路，后来，他考入早稻田大学，最终成为一名著名的作家。

　　肯德基的创始人卡耐力·桑德斯，6 岁的时候父亲去世了。桑德斯为了照顾年幼的弟弟，开始工作，但桑德斯讨厌被别人使来唤去的，为此他不得不多次变换工作。后来自己创业，经营一家汽车加油站，但不久受经济危机的影响，加油站倒闭了。第二年，他又从新开了一家带有餐馆的汽车加油站，因为饭菜可口，生意非常好。但是，一场无情的大火把他的餐馆烧个精光。失败后，他还是振奋精神，建立了一个比以前规模更大的餐馆。餐馆生意再次兴隆起来。可是，好景不长，因为附近另外一条新的交通要道建成通车，桑德斯加油站前的那条路变成背街的道路，顾客因此锐减。桑德斯不得不放弃餐馆，这时，桑德斯已经65岁了。然而，桑德斯并未死心。他想到手边还保留着极为珍贵的一份专利——制作炸鸡的秘方，他决定把这份秘方卖掉。他开始走访美国国内的快餐馆，他教授给各家餐馆制作炸鸡的秘诀……调味酱，每出售一份炸鸡他获得5美分的回扣。5年之后，出售这种炸鸡的餐馆遍及美国及加拿大，共计400多家；到1902年，由他创建的肯德基炸鸡连锁店在全美就达到4000多家。

从他们身上我们可以看到，把每次遇到看似"不可能的困难"化为机会，并不像常人想象的那么难。更多的时候，把不可能化为机会，往往只需要一个想法，紧跟以实际行动。真正要做到这一点，你首先不要让错误的意识占据大脑。要正确对待工作中的困难和挫折，从积极的一面赋予"问题"以新的涵义。在很多情况下，一些问题虽然看似"此路不通"，但仔细研究你就会发现在它周围还有比以前更好的方法，这就是"机会"。

"不可能"的事通常是暂时的

很多事实证明，"不可能"的事通常是暂时的，只是人们一时还没有找到解决它们的方法。所以，当你遇到难题或困难时，永远不要让"不可能"束缚自己的手脚，有时只要再向前迈进一步，再坚持一下，也许"不可能"就会变成"可能"。而成功者之所以能成功，就是因为他们对"不可能"多了一分不肯低头的韧劲和执著。

凯瑟琳·格雷厄姆是华尔街大亨的女儿，华盛顿最有权力的经济人。自1933年她的父亲买下《华盛顿邮报》起，她几乎可以说是在20世纪政治上最有影响力的家庭之一长大的。

1963年，凯瑟琳挑起办报的重任，尽管困难重重，她仍然坚持出版

《五角大楼文献》，并且使得水门事件曝光，最终导致尼克松总统辞职。

凯瑟琳后来是一位美国畅销书作家，并且曾经在国会任职，她的一生可谓绚丽多姿。

在凯瑟琳的自传《个人历史》中，她写过年轻人应该如何进行不懈的努力，直到达到成功的彼岸：

爬山会使人筋疲力尽，但有意思的是，人们可以体会到凭借"呼吸恢复"（即在持续的体力消耗中，从最初的筋疲力尽，恢复到呼吸相对轻松的状态）能继续走多远。

每个人都可以从"呼吸恢复"的原理中获得重要启示，这不仅仅适用于体力劳动，也同样适用于脑力劳动。

许多人在即将度过一生的时候，还从未发现拼搏的真正意义，不知道什么叫做"呼吸恢复"的原理。

不管从事脑力劳动还是体力劳动，大多数人在第一次感到筋疲力尽时就会放弃努力，这样，他们就永远体会不到不折不扣的拼搏所带来的豪情与振奋。

如果我们总是在最困难的时刻放弃，我们就永远不可能知道，原来筋疲力尽之后，我们还会恢复呼吸，获得另一片天空。

在更多面对困难和挑战的时候，我们不是输给了困难本身，而是输给了自身对困难的畏惧。不要被困难吓倒，用平常心来对待，往往能把问题解决得更好。

西点有句格言：永远没有失败，只是暂时停止成功。在任何时候，我们都要相信：没有什么是不可能的。这样的信念将激励着你继续前进，激励着你在最困难的时候依然不放弃，激励着你在冲破逆境之后能获得另一片天空。

人生不能无希望，所有的人都生活在希望之中。假如真有人生活在绝望的人生之中，那么他只能是失败者。

一个人的危机与丧失积极向上心态的力量有极大关系，因为缺乏积极向上心态力量的人，身上就会缺少"一根筋"精神——"再拼一下"！实际上，对于那些优秀者，他们不光靠自己的聪明才智脱颖而出，而且靠"再拼一下"的积极向上心态力量克服随时都有可能袭来的消极心态。

第一章 不要轻易说『不可能』改变

41

你在上学时，曾举过手发言吗？你肯定会笑着说："真是的，没举过，还没看过。"但是"多多举手"的真正作用在哪里？请看下面一则故事：

有位极具智慧的心理学家，在他的小女儿第一天上学之前，教给她一项诀窍，足令她在学习生活中无往而不胜。

这位心理学家送女儿到学校门口，在女儿进校门之前，告诉她，在学校里要多举手，尤其在想上厕所时，更是特别重要。

小女孩真的遵照父亲的叮咛，不只在上厕所时记得举手，老师发问时，她也总是第一位举手的学生。不论老师所说的、所问的她是否了解，或是否能够回答，她总是举手。

随着日子一天天过去，老师对这个不断举手的小女孩自然而然印象极为深刻。不论她举手发问，或是举手回答问题，老师总是优先让她开口。而因为累积了许多这种不为人所注意的优先举手发言，竟然令小女孩在学习的进度上，以及自我肯定的表现上，甚至于许多其他方面的成长，大大超越其他同学。

多多举手，正是心理学家教给女儿在学习生涯中的利器。成功者是积极主动的，失败者则是消极被动的。成功者常挂在嘴边的一句话是：有什么我能帮忙的吗？而失败者的口头禅则是：那又不关我的事。凡事多举手，多去协助别人，成功的路程将在此展开。

请学会向生活"多多举手"——获取一种积极向上的心态力量。

绝大多数人之所以无所成就、默默无闻，之所以只能在人生的舞台上扮演无足轻重的次要角色——包括那些懒惰闲散者、好逸恶劳者、平庸无奇者——最重要的原因之一就在于他们缺乏"再拼一下"积极向上的心态力量。

对于一个试图克服生存危机的人来说，不管他是多么地一贫如洗、身无分文，只要他渴望着有一种克服消极心态的积极向上的心态力量，希冀着完善自己，那他就是大有希望的。但是，对于那些胸无大志、甘于平庸之辈，我们则是无计可施；如果他自身不想克服消极心态，即便外人再怎么推动和激励都是无济于事的。对于一个渴望克服消极心态，一定要消除自身危机的人来说，任何东西都很难阻碍他前进的脚步。不管他所处的环境是多么地恶劣，也不管他面临多少不利的制约因素，他不停地寻找自己的优势，总是能通过某种途径脱颖而出，我们不可能阻挡一个林肯式的人物或者是威尔逊式的人物的崛起，对于这样的一些人来说，即便是贫穷到买不起书本的地步，他们依旧可以通过借阅而获得梦寐以求的知识，并把危机转变成优势。

不管一个人是多么地鲁钝或愚蠢，只要他有着"再拼一下"的积极进取的心态和更上一层楼的决心，我们就不应该对他绝望。

你或许会认为自己的生活平淡无奇，你成就一番事业的机会和概率近似于零，但是，重要的并不在于你现在的地位是多么卑微或者手头从事的工作是多么微不足道，只要你心存改进的意愿，只要你不局限于狭小的圈子，只要你渴望着有朝一日成为万众瞩目的人物，只要你希冀着攀登上成功的巅峰并愿意为此付出切实有效的努力，那么你终将成功。正如胚芽通过大量的积蓄最终萌发出地面一样，你也将通过持之以恒的努力渐渐地远离平庸，拥有一个比较有优势的人生。

我们不应该根据人们现在所做的工作来对他进行评判，因为这很可能只是他克服消极心态的踏脚石。判断一个人的标准应该是看他对克服消极心态拥有的决心和确立的目标。一个诚实的人会做任何高尚的工作，以此作为通向成功之路的必经阶段。

在一个人的品位和内涵中，我们可以发现某些预示着他的未来的东西。他做事的风格，他对工作的投入程度，他的言行举止——所有的一切都预示着他会拥有什么样的未来。

"如果你只是一个负责冲洗甲板的工人，那也得好好干，就像海神随时在背后监督着你一样。"狄更斯这样说。在生活中还有这样一种情况，那就是一个人可能对现状极度不满，但他并没有任何改进自身危机的意愿，也不想付出努力来达到目标，而仅仅是对自己的身份地位的不满。这意味着他丧失了"再拼一下"的积极向上的心态力量。

但是，当我们看到一个人在本职岗位上兢兢业业，想方设法地使每一件事都做得尽善尽美，以自己的努力和成就为荣，并在此基础上积极寻求进一步的发展和提高时，我们在心中确信他最终肯定能如愿以偿。在我们确切地了解一个人的理想和抱负之前，是无法对他作太多判断的。只要他具备毅力、恒心和信念，他完全有可能成为一个克服自身消极心态和发挥自身优势的人物。

要克服消极心态，不能缺乏"再拼一下"积极向上的心态力量，例如当年轻的富兰克林尚在费城为争得一个立足之地而苦苦挣扎时，那儿精明的商人已经预测到了，即便富兰克林现在囊中羞涩，生活困难，连吃饭、睡觉、工作都是在同一间小屋，但这个年轻人必定前程无限，因为他是如此全身心地投入工作，如此渴望着大展宏图，如此地乐观自信。他经手的每一件事都能做到尽善尽美，这些都预示和象征着他未来的作为不可限量。当他还只是一个学徒期刚满的印刷工人时，他的工作质量就已经远远地超过别人了，而他的排版系统甚至比雇主的还要先进，人们纷纷预测有朝一日他肯定拥有自己的企业——历史证明他的确是做到了这一点。

对你来说，积极的心态力量是什么？请看亚历山大大帝的积极心态：

亚历山大大帝出发远征波斯之前，他将所有的财产分给了臣下。

大臣皮尔底加斯非常惊奇，问道：

"那么，陛下带什么启程呢？"

对此，亚历山大回答说：

"我只带一种财宝，那就是'希望'。"

听到这一回答，皮尔底加斯说："那么请让我们也来分享它吧！"于是，他谢绝了分配给他的财产。

人生不能无希望，所有的人都生活在希望之中。身处逆境的人，只要抱着积极向上的心态，就能打开一条通道。

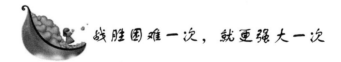

战胜困难一次，就更强大一次

日本著名企业家土光敏夫，在中学时参加学校组织的一项100公里徒步训练。对一个十三四岁的孩子来说，这种活动的艰苦性是可想而知的。走了两天，他的脚就打起了血泡。曾有许多次，他都想停下来躺在地上。但是，每当有这样的念头，他耳边就有一个声音在提醒：躺下去便是懦夫！打起精神，走下去！于是，他咬牙挣扎着继续前行。不仅如此，他还鼓励大家咬牙坚持。一些体弱的同学支持不住，累倒了，他还背他们一段路程。渐渐地，他感觉自己已经适应了这种艰苦的跋涉，身上背的东西也似乎轻了许多。

土光敏夫后来担任有"财界总理"之称的日本经团联会长职务。他说："我之所以在以后做事能不半途而废，关西中学的长途步行给我的启示最大。我知道：面对困难，人唯有迎接挑战而不是回避挑战，才会有真正地成长。你战胜困难一次，就更强大一次。"

成长正如蝉蜕，过程是痛苦的，但是没有这份蜕变，就不会有力量的增强，更不会有新生。

所以很多时候，自己打败自己是最可悲的失败，自己战胜自己是最可贵的胜利！

20世纪90年代初，美国NBA的夏洛特黄蜂篮球队1号球员博格士身高只有1.60米，但他是NBA当时最杰出的后卫。加入NBA是美国所有篮球少年最向往的梦，所以，当年博格士表示长大要打NBA时，许多人禁不住为这个小个子哈哈大笑，甚至笑倒在地。可是，博格士靠着不间断的苦练，终于成为篮球运动的全能。与平均身高超过两米的球员在一起厮杀，他的"矮人优势"发挥得淋漓尽致，他运球重心低，控球几乎不会失误，他容易隐蔽，从下面断球几乎每每得手，他行动灵活，飞来飞去真像一只小黄蜂。再凭着精确的远投，屡屡出奇制胜，跟后来费城七六人队的埃佛森，芝加哥公牛队的迈克尔·乔丹一样，创造了矮个打高个的奇迹。

谢坤山在16岁时，因一次工伤事故，失去了双臂、左腿和右眼。面对巨大的不幸，他从精神到肉体都没有垮掉。他从最简单的独自进食、饮水、入厕、洗澡做起，克服了常人难以克服的困难，做到生活自理。然后，他用嘴咬住了笔，学写字，学画画。如今，他应付日常生活轻松自如，他每年要做四五百场的讲演，他的绘画作品得到广泛的认同和好评。他还在忙碌地演讲作画之余，硬是用嘴一口一口地写出了一部十几万字的自传，书名为《我是谢坤山》。

在博格士和谢坤山的生命历程中，有很多的东西值得我们体味

45

和感悟，其中最突出的一点，就是勇于挑战自我，战胜不可能。

我们看到，他们两位首先是能够正视自己的不足，不因为自己条件差而怨天尤人，自甘沉沦，自我放弃，在无望中虚度岁月，而是树立起雄心壮志，坚信"天生我才必有用"，自己一定能行，决心用勤奋弥补不足，做别人不敢想，不敢做的事。正因为如此，身高1.60米的博格士才敢立志打 NBA，才敢于面对人们的讥讽和嘲笑而毫不在意，敢于和身高超过两米的强手同场竞技。同样，高度残疾，只剩下一条腿的谢坤山，才会不但不需要别人怜悯同情，还给别人带去幸福快乐；不但不需要别人帮助，自己还去做义工帮助别人，而且在演说、绘画、写作方面取得巨大成就。

我们还看到，他们挑战自我，战胜自我，还包含不畏艰难、孜孜不倦、锲而不舍的精神。人生的道路不可能铺满鲜花，洒满阳光，宽阔平坦，反倒往往是荆棘丛生，风暴雷霆，崎岖曲折。只有不畏艰难险阻、不屈不挠、奋勇直前的人，才会到达成功的终点。试想想，如果没有经过艰苦的训练，博格士能练就篮球绝技吗？如果谢坤山不是忍受着常年口腔溃疡的痛苦去练习，他的嘴巴又怎么能成为他绘画和写作的最得力的器官呢？

以铜为镜，可以正衣冠；以史为镜，可以知兴替；以人为镜，可以明得失。博格士、谢坤山就是两面明亮的镜子，从他们的身上，我们可以照照自己。我们是有很多的优点，但我们的身上也许又存在种种不足，比如自满自足、固步自封、怕苦怕累、贪图享乐、意志薄弱等。面对我们思想行为上的缺陷，我们能否像博格士、谢坤山一样勇于挑战自我、战胜自我呢？

无论谁，身上都存在缺点和不足，所碰到的问题和困难也是客观存在的，最大的敌人不是别人，而是自己。奥运会的精神就是要硬把自己推到极限之外。美国教育家卡耐基说："成功的人，都有勇往直前、藐视困难的气概，他们都是大胆的、果断的，他们的字典上，是没有'不可能'这个词。"

一切都可能改变

第二章　一切都"可能"改变

　　这个世界上，没有什么不可以改变的。美好、快乐的事情会改变，痛苦、烦恼的事情也会改变，曾经以为不可改变的，许多年后，你就会发现，其实很多事情都改变了。

 世界上，没有什么不可以改变

玛丽整理旧物，偶然翻出几本过去的日记。

日记本的纸张有些发黄了，字迹透着年少时的稚嫩，她随手拿起一本翻看。

"今天，老师公布了期末成绩，我万万没有想到，我竟然考了第五名。这是我入学以来第一次没有考第一，我难过地哭了，晚饭也没有吃，我要惩罚自己，永远记住这一天，这是我一生最大的失败和痛苦。"

看到这里，玛丽自己忍不住笑了。她已经记不得当时的情景了。也难怪，自离开学校后这十几年所经历的失败与痛苦，哪一个不比当年没有考第一更重呢？

翻过这一页，再继续往下看。

"今天，我非常难过。我不知道妈妈为什么那样做？她究竟是不是我的亲妈妈？我真想离开她，离开这个家。过几天就要选择大学了，我要申请其他州的大学，离家远远的，我走了以后再不回这个家！"

看到这，玛丽不禁有些惊讶，努力回忆当年，妈妈做了什么事让自己那么伤心难过，但是怎么想也想不起来。又翻了几页，都是些现在看来根本不算什么事可是在当时却感到"非常难过"、"非常痛苦"或是"非常难忘"的事。看了不觉好笑，玛丽放下这本又拿起另一本，翻开，只见扉页上写道："献给我最爱的人——你的爱，将伴我一生！我的爱，永远不会改变！"

看了这一句，玛丽的眼前模模糊糊地浮现出一个男孩的身影。曾经以为他就是自己的全部生命，可是离开校门以后，他们就没有再见面，她不知道他现在在哪儿，在做什么。她只知道他的爱没有伴自己一生，她的爱，也早已经改变。

许多人曾经以为只要好好爱一个人，就不会分手，现在才知道，你对他好，他也一样会爱别人。曾经以为自己不会再爱上第二个人，可是一旦你经历着一生中的第二次爱情，就会发现和第一次一样甜美，一样折磨人，一样沉迷，一样刻骨。

经历了许多的人，许多的事，历尽沧桑之后，你就会明白：这个世界上，没有什么不可以改变的。美好、快乐的事情会改变，痛苦、烦恼的事情也会改变，曾经以为不可改变的，许多年后，你就会发现，其实很多事情都改变了。而改变最多的，竟是自己。不变的，只是小孩子美好天真的愿望罢了！

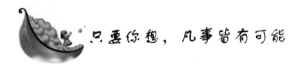

只要你想，凡事皆有可能

一黑人母亲带着女儿到伯明翰买衣服。一白人店员挡住女儿，不让她进试衣间试穿，傲慢地说："此试衣间只有白人才能用，你们只能去储藏室里一间专供黑人用的试衣间。"可母亲根本不理睬，她冷冰冰地对店员说："我女儿今天如果不能进这间试衣间，我就换一家店购衣！"女店员为留住生意，只好让她们进了这间试衣间，自己则站在门口望风，生怕有人看到。那情那景，让女儿感触良深。

又一次，女儿在一家店里摸了摸帽子而受到白人店员的训斥，这位母亲再次挺身而出："请不要这样对我的女儿说话。"然后，她对女儿说："康蒂，你现在把这店里的每一项帽子都摸一下吧！"女儿快乐地按母亲的吩咐，真把每顶自己喜爱的帽子都摸了一遍，那个女店员只能站在一旁干瞪眼。

对于这些歧视和不公，母亲对女儿说："记住，孩子，这一切都会改变的。这种不公正不是你的错，你的肤色和你的家庭是你不可分割的一部分，这无法改变，也没有什么不对。要改变自己低下的社会地位，只有做得比别人好、更好，你才会有机会。"

从那一刻起，不卑不屈成了女儿受用一生的财富。她坚信只有教育才能让自己获得知识，做得比别人更好；教育不仅是她自身完善的手段，还是她捍卫自尊和超越平凡的武器！

49

后来，这位出生在亚拉巴马伯明翰种族隔离区的黑丫头，荣登《福布斯》杂志"2004年全世界最有权势女人"宝座，她就是美国国务卿赖斯。

赖斯回忆："母亲对我说，康蒂，你的人生目标不是从'白人专用'的店里买到汉堡，而是，只要你想，并且为之奋斗，你就有可能做成任何大事。"

"只要你想，就没有不可能"，现实是无奈的，但这并不意味着，我们就丧失了一切选择的权利。因为，歧视和不公在制造了灰暗的同时，还催生了奋斗。是的，我们无法选择种族、血缘，无法选择身体、发肤，但我们可以选择奋斗，在没有得到你的同意前，任何人都无法让你感到自惭形秽。正如赖斯的母亲所说，只要你想，并且为之奋斗，你就有可能做成任何大事！

看完美国二战大片《珍珠港》后，有的人并不是为片里的动人的爱情故事和惊心动魄的战争场面所感动，而是对身残志坚的美国总统罗斯福的一句话感触很深，罗斯福为了达成空袭日本的计划，从坐了多年的轮椅上站了起来说："世界上没有不可能的事情，除非你不想去做。"所以，任何事情的成功与否很大程度上依赖于信念，如果一个人或一个团队具备坚定的信念，即使遇到再大困难，即使是在别人眼里看来无法克服的困难，也能够克服。

凯撒大帝长久以来一直想要占领大不列颠。他航向大不列颠群岛，安静地卸下他的军队和装备，并下令将整艘船烧毁。然后，他召集所有人员说："现在，不是胜利就是战死，我们没有其他选择了。"就是这么一个命令，他确保了战役的胜利。因为，他知道，当人们没有了其他选择，或不愿接受别的选择——就必定胜利。

如果你发现自己所处的情势似乎与胜利无缘，那么，你可以采取一些对自己动机有利的行动。如果正面的攻击无法攻占目标，那么试试看从侧面进攻。生命中很少有解决不了的难题。再困难的障碍也阻碍不了一个有决心、有动机、有计划，并且有足够的精力来对抗情况变化的人。

在企业中，很多人虽然颇有才华，具备种种获得老板赏识的能力，但是有个致命弱点：不主动接受"不可能完成"的工作。当一

一切都可能改变

件看似"不可能完成"的工作摆在他们眼前时，就抱着唯恐避之不及的态度。结果可想而知，那就是终其一生，也只能平庸。而勇于向"不可能完成"的工作挑战的员工，是职场勇士，他们始终是最受老板们欢迎的人。

职场上，那些业绩平庸的人，就是太熟悉"不可能"这个词了，总是说这不可能，那不可能，其结果是真的没成功，真的没有了可能。

美国布鲁金斯学会以培养世界杰出的推销员著称于世。它有一个传统，在每期学员毕业时，设计一道最能体现销售员实力的实习题，让学员去完成。

克林顿当政期间，该学会推出一个题目：请把一条三角裤推销给现任总统。8年间，无数的学员为此绞尽脑汁，最后都无功而返。克林顿卸任后，该学会把题目换成：请把一把斧子推销给布什总统。

布鲁金斯学会许诺，谁能做到，就把刻有"最伟大的推销员"的一只金靴子赠予他。许多学员对此毫无信心，甚至认为，现在的总统什么都不缺，再说即使缺少，也用不着他们自己去购买，把斧子推销给总统是不可能的事。

然而，有一个叫乔治·赫伯特的推销员却做到了。这个推销员对自己很有信心，认为把一把斧子推销给小布什总统是完全可能的，因为布什总统在得克萨斯州有一个农场，里面长着许多树。

乔治·赫伯特信心百倍地给小布什写了一封信。信中说：有一次，有幸参观了您的农场，发现种着许多矢菊树，有些已经死掉，木质已变得松软。我想，您一定需要一把小斧子，但是从您现在的体质来看，小斧子显然太轻，因此你需要一把不甚锋利的老斧子，现在我这儿正好有一把，它是我祖父留给我的，很适合砍伐橘树……

后来，乔治收到了布什总统15美元的汇款，并获得了刻有"最伟大的推销员"的一只金靴子。

乔治·赫伯特成功后，布鲁金斯学会在表彰他的时候说，金靴子奖已空置了26年。26年间，布鲁金斯学会培养了数以万计的推销员，造就了数以百计的百万富翁，这只金靴子之所以没有授予他们，是因为我们一直想寻找这么一个人，这个人不因有人说某一目标不能实现而放弃，不因某件事情难以办到而失去自信。

想要成功，就要看你的决心有多大，要看你的意志力有多顽强，要看你的勤奋到那种地步，看你的方法正不正确，看你的好胜心有多强。成功自我掌握，只要想做，只要决心去做，凡事皆有可能！

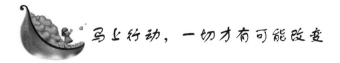

我记得有一次有一个人请教一个非常非常成功的人士。

他说："请问你成功的秘诀到底是什么？"

回答："马上行动！"

"当你遇到困难的时候，请问你到底如何处理？"

回答："马上行动！"

"当你遇到挫折的时候，你要如何克服？"

回答："马上行动！"

"在未来当你遇到瓶颈的时候，你要如何突破？"

回答："马上行动！"

"假如你要分享你成功的秘诀给全世界每一个人，那你要告诉他什么？"

回答："马上行动！"

从0到1的距离，常常大于从1到1000的距离。做任何事情，勇于开始最为重要。

YKK董事长吉田忠雄，其人生观是"70分主义"。他认为："100分主义无法再发挥潜能，若以70分为起点则成就当不止100分。"

对此，他在一篇演讲中阐述："只要能成功，失败无所谓。谨慎行事可能没有失误，但充其量最多也只能有50%的效果。若对每件事情只有70%的把握就去做，则集合各件事的效果，成就就不止50%了。"

有一个国家打胜仗后，大摆庆功宴席。国王对儿子说："孩子，我们胜利了，可惜你没有立功。"王子遗憾地说："父王，你没有让我到前线去，叫我如何立功呢？"有一位大臣连忙安慰他说："王子，你才18岁，以后立功的机会还多着呢。"王子对国王说："请问父王，我还能再有一次18岁吗？"国王很高兴地说："很好，孩子，就你这句话，你已经立了大功了。"光阴一去不复返，努力应该要趁早。

汤姆·霍普金斯是当今世界第一名推销训练大师，接受过其训练的学生在全球超过500万人。他也是全世界单年内销售最多房屋的地产业务员，平均每天卖一幢房子，至今仍是吉尼斯世界纪录保持人，被国际上很多报刊称为国际销售界的传奇冠军。

有人问他：你成功的秘诀是什么？他回答说："每当我遇到挫折的时候，我只有一个信念，那就是马上行动，坚持到底。成功者绝不放弃，放弃者绝不会成功！"

马上行动可以应用在人生的每一阶段，帮助你做自己应该做却不想做的事情。对不愉快的工作不再拖延，抓住稍纵即逝的宝贵时机，实现梦想。

不论你现在如何，用积极的心态去行动，你就能达到理想的境地。

许多事情的难度，都由于我们的犹豫和摇摆加大了。事情并没有我们想象那么艰难，只要我们马上去做，就可能产生出乎意料的奇迹。

美国混合保险公司的创始人史东，觉得对他一生影响最大的一句话来自于妈妈逼他遵守的一个行为习惯——立即就做！从卖报纸的时候起，他就一直遵守"立即就做"的准则，后来，他通过保险推销，训练了一批非常优秀的保险队伍，并成为百万富翁。

有一天，他听到一个消息：曾经生意兴隆的宾夕法尼亚伤亡保险公司，因为经济大萧条发生了危机，已经停业。该公司属于巴尔的摩商业信用公司所有，他们决定以160万美元将这家保险公司出售。

史东想了一个不花自己一分钱就得到这家保险公司的想法。这个想法实在太美妙了，美妙得让他不敢相信，美妙得使他甚至准备放弃。但是，放弃的念头一出现，他就马上对自己说："立即就做！"

于是他马上带领自己的律师，与巴尔的摩商业信用公司进行谈判。

下面就是那场精彩的对话：

"我想购买你们的保险公司。"

"可以，160万元。请问你有这么多的钱吗？"

"没有，但是我可以向你们借。"

"什么？"对方几乎不相信自己的耳朵。

史东进一步说："你们商业信用公司不是向外放款吗？我有把握将保险公司经营好，但我得向你们借钱来经营。"

这真是一个看来十分荒谬的想法：商业信用公司出售自己的公司，不但拿不到钱，还得借钱给购买者经营。而购买者借钱的唯一理由，就是自己拥有一帮出色的保险推销员，一定能经营好这家保险公司。

商业信用公司经过调查后，对史东的经营才能很有信心，于是，奇迹出现了：史东没有花一分钱，就拥有了一家自己的保险公司。之后，他将公司经营得十分出色，成了美国著名的保险公司之一。

只要有好的想法，哪怕它看起来很荒谬，都应该立即付诸实践。说不定奇迹就等在你的面前！

成功者，是最重视找方法的人

成功者，是最重视找方法的人。他们相信凡事都会有方法解决，而且是总有更好的方法。

人人都能成为创造者！处处都是创造的良机！

外界的困难，不如意的条件，一个接一个的压力与挑战，怎么也无法吓倒一个优秀人士的雄心和创意。

李嘉诚之所以能成为首富，也并非没有规律可循：从打工的时

一切都可能改变

候起，他就是一个找方法解决问题的高手。

李嘉诚的父亲是位老师，他非常希望李嘉诚能够考个好大学。然而，父亲的突然去世，使得这个梦想破灭了，家庭的重担全部落到了才十多岁的李嘉诚身上，他不得不靠打工来维持整个家庭的生活。

他先是在茶楼做跑堂的，后来应聘到一家企业当推销员。干推销员首先要能跑路，这一点难不倒他，以前在茶楼每天跑前跑后，早就练就了一副好脚板，可最重要的，还是怎样千方百计把产品推销出去。

有一次，李嘉诚去推销一种塑料洒水器，连走了好几家都无人问津。一上午过去了，一点收获都没有，如果下午还是毫无进展，回去将无法向老板交代。

尽管推销得不顺利，他还是不停地给自己打气，精神抖擞地走进了另一栋办公楼。他看到楼道上的灰尘很多，突然灵机一动，没有直接去推销产品，而是去洗手间，往洒水器里装了一些水，将水洒在楼道里。十分神奇，经他这样一洒，原来很脏的楼道，一下变得干净起来。这一来，立即引起了主管办公楼的有关人士的兴趣，一下午，他就卖掉了十多台洒水器。

李嘉诚这次推销为什么成功呢？原因在于把握了一个推销的诀窍：要让客户心动，就必须掌握他们如何受到影响的规律："听别人说好，不如看到怎样好；看到怎样好，不如使用起来好。"老讲自己的产品好，哪能比得上亲自示范、让大家看到使用后的效果呢？

在做推销员的整个过程中，李嘉诚都注意重视分析和总结。在干了一段时间的推销员之后，公司的老板发现：李嘉诚跑的地方比别的推销员都多，成交的也最多。

他是如何做到这点的呢？

原来，他将香港分成几片，对各片的人员结构进行分析，了解哪一片的潜在客户最多，有的放矢地去跑，重点攻击，这样一来，他获得的收益自然要比别人多。

纵观李嘉诚的奋斗史，其实就是一个不断用方法来改变命运的历史。

多年前，美国兴起石油开采热。有一个雄心勃勃的小伙子，也来到了采油区。但开始时，他只找到了一份简单枯燥的工作，于是便去找主管要求换工作。

没有料到，主管听完他的话，只冷冷地回答了一句："你要么好好干，要么另谋出路。"

那一瞬间，他涨红了脸，真想立即辞职不干了，但考虑到一时半会儿找不到更好的工作，于是只好忍气吞声又回到了原来的工作岗位。

回来以后，他突然有了一个感觉：我不是有创造性吗？那么为何不能就在这平凡的岗位上做起来呢？

于是，他对自己的那份工作进行了细致的研究，发现其中一道工序，每次都要花39滴油，而实际上只需要38滴就够了。经过反复的试验，他发明了一种只需38滴油就可使用的机器，并将这一发明推荐给了公司。可别小看这1滴油，它给公司节省了成千上万的成本！

你知道这位年轻人是谁吗？他就是洛克菲勒，美国最有名的石油大王。

这个故事给我们的启示就是：人人都能成为创造者，处处都是创造的良机！

外界的困难，不如意的条件，一个接着一个的压力与挑战，怎么也无法吓倒一个优秀人士的雄心和创意。

关于洛克菲勒，还有一个很经典的故事。

第二次世界大战后，刚成立的联合国因为没有合适的办公地点而发愁。这时，洛克菲勒慷慨地将自己在纽约的一大片土地，无偿地捐献给联合国。联合国的领导喜出望外，接受了这份馈赠，并对洛克菲勒表示了深深的谢意。

难道洛克菲勒得到的仅仅是这些吗？不。早在给联合国捐赠之前，他就将所捐土地周围的一大片土地买下来了。当联合国的办公地址一选定，周边土地的价格立刻飞涨，除去所捐土地的成本，他还狠狠地赚了一大笔！

这就是方法的价值。

一切都可能改变

学会成为一个不找借口找方法的人吧！学会做一个相信方法总比问题多的人吧！唯有这样，你才能成战胜不可能，为一个真正杰出的人！

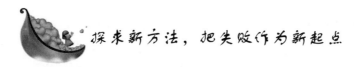

探求新方法，把失败作为新起点

成功者与失败者最大的不同，就在于前者珍惜失败的经验，他们善于从失败中吸取教训，寻找新的方法，反败为胜，获得更大的胜利；后者一旦遭遇失败的打击就坠入痛苦的深渊中不能自拔，每天闷闷不乐，自怨自艾，直至自我毁灭。

有一次，心理学家问 PMA 成功之道训练班上的学员："你们有多少人觉得我们可以在 30 年内废除所有的监狱？"

学员们显得很困惑，怀疑自己听错了。一阵沉默过后，希尔又重复："你们有多少人觉得我们可以在 30 年内废除所有的监狱？"

确信心理学家不是在开玩笑以后，马上有人出来反驳："你的意思是要把那些杀人犯、抢劫犯以及强奸犯全部释放吗？你知道这会造成什么后果吗？那样我们就别想得到安宁了，不管怎样，一定要有监狱。"

"社会秩序将会被破坏。"

"某人生来就是坏坯子。"

"如果可能，还需要更多的监狱。"

心理学家接着说："你们说了各种不能废除的理由。现在，我们来试着相信可以废除监狱，假设可以废除，我们该如何着手。"

大家有点勉强地把它当成实验，沉静了一会儿，才有人犹豫地说："成立更多的青年活动中心可以减少犯罪事件的发生。"

不久，这群在 10 分钟以前坚持反对意见的人，开始热心地参与讨论。"要清除贫困，大部分的犯罪都来源于低收入阶层。"

"要能辨认，疏导有犯罪倾向的人。"

"借手术方法来治疗某些罪犯。"

总共提出了 18 种构想。

这个实验的重点是：当你相信某一件事情压根儿不可能做到时，你的大脑就会为你打出种种做不到的理由。但是，当你相信，真正地相信某一件事确实可以做到，你的大脑就会帮你找出解决问题的各种方法。

一扇门关上，另一扇门会打开。没有过不去的坎，除非你自己不愿过去。面对困难，只是沮丧地待在屋子里，便会有禁锢的感觉，自然找不到新的出路。不妨离开屋子，享受一下新鲜的空气、阳光，你的心情会豁然开朗，精神为之振奋。走出困境，你将会有积极的想法、果敢的行动。人，只有在良好的心境中才能更好地发挥自己的才智。

松下幸之助对此理念阐述得最透彻，他说："跌倒了要站起来，而且更要往前走。跌倒了站起来只是半个人，站起来后再往前走才是完整的一个人。"

日本三洋电器公司的顾问后藤清一，曾在松下电器公司担任厂长。有一天，日本遭遇有史以来最狂暴的台风，虽无人员伤亡，但工厂却接近全毁。后藤清一心想：好不容易迁到新厂，正想要全力生产的时候，却遭此打击，老板心理一定很沮丧。

松下是在台风即将停止之前赶到工厂的，此时不巧松下夫人也因身体不适而住院，他是探病后才赶来的。

"报告老板，不得了，工厂遭遇巨变，损失惨重，我来当向导，请去工厂巡视一趟吧！""不必了，不要紧，不要紧。"

老板手中握着纸扇，仔细地端详它，横看、纵看，神情异常地冷静。

"不要紧，不要紧。后藤君啊，跌倒就应该爬起来。婴儿若不跌倒也就永远学不会走路。孩子也是，跌倒了就应立即站起来，嚎哭是没有用的，不是吗？"

松下说完掉头就走，对工厂的灾难毫无惊恐失色之态。

俗话说："山不转，路转；路不转，人转。"古书《易经》上也说："穷则变，变则通，通则久。"的确，天无绝人之路，上天总会给有心人一个反败为胜的机会。

人的一生总会遭遇许多意外的困难与失败。对许多人来说，挫折并不足畏惧，可怕的是你的心理上被彻底打败了，而又未能体会真正的教训，反而一再重蹈覆辙，以致到最后落得无可救药。我们常说"胜败乃兵家常事"，因此要胜不骄，败不馁。而更重要的是要经得起挫折，再重整旗鼓，开辟人生的另一个战场。

相传康熙年间，安徽青年王致和赴京应试落榜后，决定留在京城，一边继续攻读，一边学做豆腐以谋生。可是，他毕竟是个年轻的读书人，没有做生意的经验，夏季的一天，他所做的豆腐剩下不少，只好用小缸把豆腐切块腌好。但日子一长，他竟忘了有这缸豆腐，等到秋凉时想起来了，但腌豆腐已经变成臭豆腐。王致和十分恼火，正欲把这臭气熏天的豆腐扔掉时，转而一想，豆腐虽然臭了，但自己总还可以留着吃吧。于是，就忍着臭味吃了起来，然而，奇怪的是，臭豆腐闻起来虽有股臭味，吃起来却非常香。

于是，王致和便拿着臭豆腐去给自己的朋友吃。好说歹说，别人才同意尝一口，没想到，所有人在捂着鼻子尝了以后，都赞不绝口，一致公认此豆腐美味可口。王致和借助这一错误，改行专门做臭豆腐，生意越来越大，而影响也越来越广，最后，连慈禧太后也慕名前来尝一尝美味的臭豆腐，对其大为赞赏。

从此，王致和与他的臭豆腐身价倍增，还被列为御膳菜谱。直到今天，许多外国友人到了北京，都还点名要品尝这所谓"中国一绝"的王致和臭豆腐。

因为一次失败，王致和改变了自己的一生。

所以在人生路上，遇到失败时我们要学会转个弯，把它作为一生的转折点，选择新的目标或探求新的方法，把失败作为成功的新起点。

 对问题进行正确界定

"将一个问题正确地界定，等于已经解决了问题的一半了。"

第二章 一切都『可能』改变

要解决问题，首先还不是技巧，而是对问题正确界定，即弄清楚"问题到底是什么"，找准了问题到底是什么，等于找准了你应该瞄准的靶子。

下面的几条方法，能帮助我们更好地掌握界定问题的艺术。

1. 回到解决问题的真正目的

也就是要找准"靶子"。找不准靶子，就会无的放矢。靶子找准了，靶心突出了，解决问题就有了基本的保证。

上世纪50年代，全世界都在研究制造晶体管的原料——锗，大家认为最大的问题是如何将锗提炼得更纯。日本的江崎博士和助手黑田合子也在对此进行探索，但无论采用什么方法，锗里还是会混进一些杂质，而且每次测量都显示了不同的数据。后来他们反思：研究这一问题的目的，无非要让锗能制造出更好的晶体管。于是，他们去掉原来的前提，而另辟新途，即有意地一点一点添加杂质，看它究竟能制造出怎样的锗晶体来。结果在将锗的纯度降到原来的一半时，一种最理想的晶体产生了。此项发明一举轰动世界，江崎博士和黑田合子分别获得诺贝尔奖和民间诺贝尔奖。

从这个例子中，你学到了什么？

错误界定：将锗提纯。正确界定：制造出更好的晶体管。制造更好的晶体管，这才是解决问题的根本目的。

2. 提升要界定问题的层次

对问题根本的界定往往很难，但也有诀窍：尝试改变界定问题的层次。层次提高了，就会适当扩大问题解决的范围。问题所限定的范围越宽松，思维创新的田地就越广阔。

20世纪80年代，古兹维塔当上了可口可乐的CEO。这时候，百事可乐正与可口可乐激烈竞争，可口可乐的一部分市场已被它蚕食。怎样才能收复失地，占领更大的市场？古兹维塔手下的那些管理者都把焦点集中在如何与百事可乐竞争上，千方百计与它争夺增长百分之零点一的市场占有率。

古兹维塔却从更深的层面来思考这个问题，他让下属弄清这样一些问题：

"美国人一天平均的液体食品消耗量为多少？"

一切都可能改变

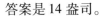

答案是 14 盎司。

"那么，可口可乐在其中占多少？"

答案是 2 盎司。

一听到这样的答案，古兹维塔便宣布：我们的竞争对象不是百事可乐，我们需要做的是在那块市场上提高占有率，要占领市场剩余的 12 盎司的水、茶、咖啡、牛奶及果汁等。当大家想要喝一点什么时，就应该去找可口可乐。为了达到这个目的，可口可乐采取了一些新的竞争战略，如在每个街头摆放贩卖机。结果销售量因此节节上升，再次将百事可乐远远抛在了后面。由于提升了解决问题层次，就更容易找到了解决问题的根本。

3. 考虑从侧向或逆向找方法

二战期间，有一天夜晚，苏军准备趁黑夜向德军发起进攻。可是那晚天上偏偏有星星，大部队出击很难做到高度隐蔽而不被对手察觉。

苏军元帅朱可夫对此思索了很久，突然想到一个主意，立即发出指令：将全军所有的大探照灯都集中起来。在向德国发起进攻时，苏军的 140 台大探照灯同时射向德军阵地。

极强的亮光把隐蔽在防御工事里的德军将士照得睁不开眼，什么也看不见，只有挨打而无法还击。苏军很快突破了德军的防线。这是二战中的一个著名战例。

我们再来对问题的界定进行分析。

错误界定：天黑方好向敌人发起进攻。

正确界定：让敌人看不见就好发起攻击。

本来认为黑到大家看不见才好发动进攻。现在，却是完全相反，不是让天黑，却是要以光明——加倍的光明来解决问题。在这里，"天黑"不是正确的界定，"看不见"才是正确的界定。

将难题分成不同层次解决

有时候，我们碰到的难题无法局限在某一个层次进行处理，但分成不同层次就好解决了。

1872 年，"圆舞曲之王"约翰·施特劳斯来到美国。当地有关团体立即来访，请求他在波士顿指挥音乐会，施特劳斯答应了。但谈演出计划的时候，他被这个规模惊人的音乐会吓了一跳。

原来，美国人想创造一个世界之最：由施特劳斯指挥一场有两万人参加演出的音乐会。而一个指挥家一次指挥几百人的乐队就是一件很不容易的事了，何况是两万人！

施特劳斯想了想，居然答应了。到了演出那天，音乐厅里坐满了观众。施特劳斯指挥得非常出色，两万件乐器奏起了优美的乐曲，观众听得如痴如醉。

原来，施特劳斯任的是总指挥，下面有 100 名助理指挥。总指挥的指挥棒一挥，助理指挥紧跟着相应指挥起来，两万件乐器齐鸣，合唱队的乐声响起。

因此可见，"分"是一种大的智慧，它不仅能够帮助我们解除心理上的压力，也能帮助我们将难解决的问题高效解决。

1968 年春，罗伯·舒乐博士立志在加州用玻璃建造一座水晶大教堂，他向著名的设计师菲力普·强生表达了自己的构想：

"我要的不是一座普通的教堂，我要在人间建造一座伊甸园。"

强生问他的预算，舒乐博士坚定而坦率地说："我现在一分钱也没有，所以 100 万美元与 400 万美元的预算对我来说没有区别，重要的是，这座教堂本身要具有足够的魅力来吸引人们捐款。"

教堂最终的预算为 700 万美元。700 万美元对当时的舒乐博士来说是一个不仅超出了能力范围也超出了理解范围的数字。

当天夜里，舒乐博士拿出 1 页白纸，在最上面写上"700 万美元"，然后又写下了 10 行字：

1. 寻找 1 笔 700 万美元的捐款。

2. 寻找 7 笔 100 万美元的捐款。

3. 寻找 14 笔 50 万美元的捐款。

4. 寻找 28 笔 25 万美元的捐款。

5. 寻找 70 笔 10 万美元的捐款。

6. 寻找 100 笔 7 万美元的捐款。

7. 寻找 140 笔 5 万美元的捐款。

8. 寻找 280 笔 2.5 万美元的捐款。

9. 寻找 700 笔 1 万美元的捐款。

10. 卖掉 1 万扇窗户，每扇 700 美元。

60 天后，舒乐博士用水晶大教堂奇特而美妙的模型打动了富商约翰·可林，他捐出了第一笔 100 万美元。

第 65 天，一位倾听了舒乐博士演讲的农民夫妻，捐出第一笔 1000 美元。

90 天时，一位被舒乐博士孜孜以求精神所感动的陌生人，在生日的当天寄给舒乐博士一张 100 万美元的银行支票。

8 个月后，一名捐款者对舒乐博士说："如果你的诚意和努力能筹到 600 万美元，剩下的 100 万美元由我来支付。"

第二年，舒乐博士以 500 美元一扇的价格请求美国人订购水晶大教堂的窗户，付款办法为每月 50 美元，10 个月分期付清。6 个月内，1 万多扇窗户全部售出。

1980 年 9 月，历时 12 年，可容纳 10000 多人的水晶大教堂竣工，这成为世界建筑史上的奇迹和经典，也成为世界各地前往加州的人必去瞻仰的胜景。

水晶大教堂最终造价为 2000 万美元，全部是舒乐博士筹集而来的。

许多困难乍一看起来好像根本无法克服，然而我们只要从零开始，点点滴滴去解决，有效地将问题分解成许多版块，就将大大提升战胜困难的信心和效率。

第二章 一切都『可能』改变

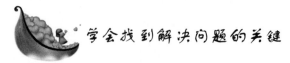
学会找到解决问题的关键

眉毛胡子一把抓，结果往往是事事着手，事事落空，即使事情能做成，也要付出很大的时间和精力。

与此相反，如果善于抓问题的要点，再棘手的问题也能很快解决。

没有人不希望能最快、最有效地解决问题。但有的人能做到，有的人却做不到。这其中原因有很多，而是否懂得抓根本是关键。

我们应该如何掌握这一根本呢？方法是学会找到解决问题的关键。

一家宾馆的电梯需要进行维修了。电梯维修公司和宾馆早就签订了合同，经过检查后，维修公司将维修的时间订于 5 天之后，但维修时间得 12 个小时以上。这必然会给客人带来不方便，即使不全部停业，较高楼层的客房恐怕也得暂停使用。

这本来是件很平常的事情，但当时正好遇到宾馆的人事变化：宾馆刚刚承包给一位新经理经营，而且正是生意旺季，要他将电梯停用 12 小时，他可不干。维修公司接连派了 3 批人与他接洽，但都被他拒绝了。于是，公司派了一位老员工去和他交涉。

这位老员工，没有多拐弯，只说了几句话："经理，我知道现在是经营酒店的黄金时间，但我们检查后发现，电梯已经到了必须大检修的时候。如果不维修，也许不久就会带来更大的损失，要是电梯出事，造成人员伤亡，到时给你造成的，也许就不仅仅是经济损失了，甚至还要承担法律责任。"

这一来，经理不得不接受他们的意见，按时检修了。

经理之所以不愿意检修，是因为他考虑维修会给自己的生意带来损失。而现在，就围绕他怕造成损失的心理做文章，说明如果不及时检修，将会带来更大的损失。这一来，就点到了问题的关键，难题马上迎刃而解。

一切都可能改变

任何问题，都有一个关键点，那就是"能牵一发而动全身"的地方。这个地方的最大特点，是一切矛盾的汇集处。解决了它，其他问题就会迎刃而解。

还有一个案例：1933 年 3 月 4 日，罗斯福宣誓就任美国第三十二任总统。当时，美国正面临历史上持续时间最长、涉及范围最广的经济大萧条。就在罗斯福就任总统的当天，全美国很少有几家银行能正常营业，很多支票无法兑现。

3 月 6 日，也就是罗斯福坐上总统宝座的第 3 天，发布了一条惊人决定：全国银行一律休假 3 天。这意味着全国银行将中止支付 3 天，这样一来，就有了较为充裕的时间进行各种调整。

全国银行休假 3 天后的一周之内，占全美国银行总数 3/4 的 13500 多家银行恢复了正常营业，交易所又重新响起了电锣声，纽约股票价格上涨 15%。罗斯福的这一决断，不仅避免了银行系统的整体瘫痪，而且带动了经济的整体复苏。

为何罗斯福的决定有这种立竿见影的成效？因为，抓住了银行的问题，就是抓住了整个经济中最重要的问题。银行最害怕挤兑，因为一出现挤兑，人们就会对金融丧失信心，一旦对金融丧失信心，挤兑就会越厉害，形成恶性循环。

美国当时正好出现了遍及全国的挤兑风波。所有银行就像被卷入旋涡一样，被挤兑风波逼得连喘一口气的时间都没有。所以，罗斯福采取果断措施，用休假 3 天来让金融界喘一口气，尽快采取多种措施进行调控，一旦人们的信心开始恢复，问题就能解决了。这就是"牵一发动全身"的魅力！所谓"纲举目张"，也是这个意思。

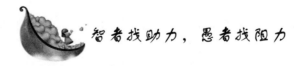

智者找助力，愚者找阻力

不管你要成为一个优秀的员工，还是要成为一个成功的人，都不要忘记这样一句话：智者找助力，愚者找阻力。没有一个人能够独自成功。让更多的人帮助你成功，这是一种高效的社会智慧。

65

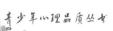
不久前，我在报上读到了这样一个招聘故事：

某公司要招聘一个营销总监，报名的人很多，经过层层考试，最后只剩下3个人竞争这个职位。

为了测验谁最适合担任这个角色，公司出了一道怪题：请3个竞争者到果园摘水果。

3个竞争者一个身手敏捷，一个个子高大，还有一个个子矮小，看来，前面两个最有可能成功，但正好相反，最后胜利的竟然是那个矮个子。为什么呢？

原来，这次考试是经过精心设计的，竞争者要摘的水果都在很高的位置，而且大多都在树梢。个子高的人，尽管一伸手就能摘到一些果子，但是数量毕竟有限。身手敏捷的人，尽管可以爬到树上去，但是树梢的一部分，他就够不着了。而个子矮小的人，一看到这种情形，二话不说就往门口跑。守门的是个老头，也是果园的维护者。他很谦虚地请教老头平时他是怎样摘这些树梢上的水果的。老头回答说是用梯子。于是，他向老头提出借梯子，老头十分爽快地答应了。有了梯子，摘起水果来自然不在话下，结果，他摘得比谁都多。因此，他赢得了最后的胜利，获得了总监的位置。

从这个故事中，你是否看出了主考官在考什么？他考的是团队精神中的一项重要内容——通过对他人的关心和支持，赢得别人的帮助以及协作。

很多人之所以觉得问题难，是由于他只倚重自己的才华和能力，而不懂得去获取别人的帮助。有的人甚至由于过于突出自己，把本来可以帮助自己的人赶走了。

从前，有两个饥饿的人遇到了一位长者，长者给了他们两样东西：一根鱼竿和一篓鲜活硕大的鱼，任选其一。

一个人要了一篓鱼，另一个人要了一根鱼竿，然后他们分道扬镳了。

得到鱼的人原地用干柴搭起篝火煮起了鱼，煮好就把鱼吃了，接着把汤也喝了个精光。不久，他便饿死在空空的鱼篓旁。另一个人则忍饥挨饿，他提着鱼竿一步步艰难地走向海边，可当他看到不远处那片蔚蓝色的大海时，他浑身的最后一点力气也使完了，只能带着无尽的遗憾撒手人寰。

后来，又有两个饥饿的人，他们同样得到了长者恩赐的一根鱼竿和一篓鱼。只是他们并没有像前面两个人那样各自为战，而是商定共同去找寻大海。他俩每次只煮一条鱼，经过遥远的跋涉，终于来到了海边。从此，两人开始了合作捕鱼为生的日子。几年后，他们过上了幸福的生活。

人不是孤立的，而是活在群体之中，所以我们要充分考虑自己的现状，善于和别人合作，把两者的长处有机地结合起来，共同去迎接、挑战困难，这样才有可能避免陷入生存的绝境。

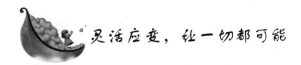

灵活应变，让一切都可能

一个人如果要生存和发展，就必须适应、迎合这个不断变化的社会环境。适应是一个积极追求的过程，它需要我们不断地去调整、转变，力求与社会环境保持和谐，只有这样，我们的事业发展才能顺利，否则，只能是步履维艰。

适应环境突出表现在紧随时代变革的步伐，走在时代的前面。在如今这个不断更新的时代，只有与时俱进，才能跟上时代的发展。如果你还停留在原来的状态上停止不前，那你只能被淘汰。

日本的"销售之神"松下幸之助，就是这样一位富于智慧、善于洞察未来的卓越人士。每当人们问及他成功的秘诀时，他总是淡淡一笑，说："我靠的是稍微走在时代的前面。"

在 20 世纪初，松下幸之助在确立自己事业的方向上，靠的就是在自己智慧基础上形成的强烈的超前思维。严格地讲，松下幸之助及其家族都未曾涉足过电器制造行业，松下幸之助的祖辈经营土地，他的父亲则从事米行经营，而他进入社会首先是涉足商业，所有这些都与电器制造没有任何直接关系，况且有关电的行业，在 20 世纪初尚处于起步阶段，人们根本未曾认识到电的价值。然而年轻而精明的松下却能借助于电灯的一闪之光，看出遥远的未来前景。他深信电作为一种新式能源，在给人类带来方便的同时，也必将为像他这样不安于现状者提供无限的发展机遇，灿烂的电气时代将会照遍人类生活的每一个角落。因此，投身电器制造，也一定会前途灿烂！尽管在创业伊始，他就遭遇了挫折和打击。然而，这种超前思维使他具有了坚强的信念和必胜的信心。正是由于"稍微走在时代前面"才使得松下电器从无到有，从小到大。

第二次世界大战结束后，世界又恢复了和平。饱受战乱之灾的人们，在新的和平环境里又重新燃起生活和工作的热情。睿智的松下幸之助又超前地看到新文明将带来世界性的家电热。对于松下电器来说，这既是一次发展壮大的良机，也是一次艰巨而又严峻的挑战。而松下幸之助依然凭借着"稍微走在时代前面"的预感，大刀阔斧地进行机构调整和技术改革，从而使松下电器在新的挑战和机遇中得到了前所未有的发展。

松下幸之助之所以能受到全世界数以万计的员工推崇，与他具有的前瞻性的思维方式所带给人们的影响密不可分的。他是一座丰碑，但凡推崇他的员工，都能从他的身上看到与时俱进的精神。他只有 4 年的小学学历，9 岁当学徒，23 岁自行创业，他所依靠的，完全是一种适应时代需要，甚至领先时代需要的思维。他创造了一个伟大的奇迹，而这一奇迹也告诉我们：世界上没有什么不可能。

1. 尽快适应变化

市场在变，企业在变。作为企业员工，必须跟随企业的变革，迅速调整自己的状态，否则会遭到淘汰。

拿破仑在战场上所向披靡，他经常对战俘说："告诉你，你犯了一个错误，你的作战计划是在战役前一天制定的，而当战斗开始时你却对敌人的行动一无所知。"拿破仑认为对手的一个致命弱点就是缺乏适应性。

在我们工作中也一样，尤其是身处当今的时代，任何事物都无时无刻不在变化，比如公司的人事变动、薪资政策改变等等，我们一定要努力用最短的时间来适应这些环境的变化。如果不能做到这点，思想长久停留在原来的环境之中，势必会影响现在的工作状态。也许前任老板习惯以手写的方式进行沟通，而新任的老板却对电子邮件更情有独钟。但你却仍然停留在原来的状态，频频以便条的方式向老板提出看法——可想而知，这种方式对于新的环境是没有效率的。

2. 勇敢地随着变化而变革

在 IBM 公司的企业文化中，提倡员工要具备一种野鸭的精神。野鸭子生活在远离人类的大自然，性情"桀骜不驯"，不畏风险，有攻击性，敢于挑战自我，它与家养鸭子最大的不同是会飞翔。但野鸭子一旦被人饲养，过上"衣食无忧"的生活，很快就失去它的野性，稳定、舒适、安全使它不再想冒险，不再想提高与变化，时间一长，除了还会下蛋，其他什么也不会了。

IBM 把"野鸭精神"作为企业文化的目的是希望员工能像野鸭子一样，不畏风险，勇于变革，敢于创新的拔尖人才，而不需要驯服、听话的平庸之辈。

因为没有及时变革，而差点破产的 IBM 深知，只有变革才是企业长寿之道。

沃森有句格言："野鸭或许能被人驯服，但是一旦被驯服就会失去了它的野性，再也无法海阔天空地自由飞翔了。"沃森把创新与变革作为"野鸭精神"的化身，用各种措施激励员工的变革发明。"野鸭精神"因此成为 IBM 公司再次腾飞的基石和动力。"野鸭精神"就是 IBM 激发员工潜能的灵魂与法宝。

我国国企就是缺少这种"野鸭精神"，在市场上往往对市场环境的竞争感到不适应，对市场环境嗅觉能力不那么灵敏，对市场变化的反应能力不那么迅速，员工的智慧和独创性能力常常没有得到很好的开发，致使员工的创新与变革精神严重不足，这样必然导致国有企业的衰败与死寂。

要想变革成功，就一定要让员工产生危机感，培养"野鸭精神"——积极参与竞争，自己变起来，以适应变化无常的市场环境，勇敢地与昨天决裂，抛开习惯性障碍，理解变革、支持变革、参与变革、勇于变革。

第二章 一切都『可能』改变

69

第三章 积极改变心态，乐观改变生活

　　他们可能家世不同，个人的际遇也大相径庭，但是，他们都有一个共同的特点，那就是：他们有着热情而执著的个人魅力和意志，正是这种热情而执著的个人魅力和意志，使他们走上成功之路。

 ## 积极乐观是取得成功的前提

在我们生存的这个神奇美丽的星球上，虽然每一个时代，都有那么些倒霉蛋、失败者，可是赢得幸福、取得成功的，也大有人在。他们一直站在人群的前方，带领着我们往前去追求幸福和梦想。

如果我们认真分析这些成功的人士，我们一定可以发现：他们可能家世不同，个人的际遇也大相径庭，但是，他们都有一个共同的特点，那就是：他们有着热情而执著的个人魅力和意志，正是这种热情而执著的个人魅力和意志，使他们走上成功之路。

积极乐观的人生观是取得成功的前提，它犹如一剂催化剂，能够帮助人们实现人生的最终目标和梦想。而消极的人生观所带来的东西则与此相反，它会让你放大烦恼，把一点点挫折也看成是世界末日，并最终拒成功于千里之外。所以，养成健康的心态，是走向成功之前必须要做的事。

记得某个哲人曾说过："你的心态，就是你真正的主人，你要么去掌握命运，要么是命运摆布你。"而这完全不同的方向，难道都是由外在因素决定的吗？绝不是。它们全都取决于你的心态。

事实上，成功者与失败者之间，最大的差别就在于：成功者是用过去的成功经验和对未来的乐观态度，来支配自己的人生，而失败者则正好相反，在他们的人生中，充满了疑惧、不满和怀疑的情绪。

著名的心理学家威廉·詹姆斯说："世界是由两类人组成的，一类是意志坚强的人，另一类则是意志薄弱的人。后者在面临问题时，总是习惯于逃避现实，畏缩不前。他们在面对批评时，容易感到灰心丧志，并轻易放弃努力，等待他们的，也只有痛苦与失败。但那些意志坚强的人，则不是这样，他们拥有强大的内心力量，在面对任何困难时，他们都有内在的勇气，来承担这种外在的考验。"

积极乐观的心态，是一剂良药，它让你不再抱怨，相信世事随

一切都可能改变

青少年心理品质丛书

时都有转机。当你遇到麻烦时，你也不会绝望，请相信一定会有否极泰来、拨云见日的时刻，请乐观地对待生命里的一切。

一个怀着积极心态的人，是不会被环境击倒的，他们永远保持信心、愉悦，而这种心境，不仅令他们的生活变得光彩起来，也有助于他们战胜困难，迎接光明的时刻。

我们生活在一个充满挑战的时代。这个时代，虽然压力与挫折不断出现，但也有许多机会，如黑夜的星光般不断闪现，你抬起头仰望天空了吗？你积极乐观地等待明天早起的阳光了吗？

"生存还是死亡，这是个问题……"这是莎士比亚在其伟大的戏剧作品《哈姆雷特》（王子复仇记）里的台词，它精准道出了人类共同面临的问题。

积极，还是消极？成功，还是失败？选择命运，还是让命运选择你？这也是个问题，而答案就在你的身边，在你如何看待人生的心态里。

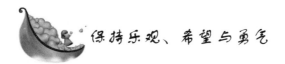

保持乐观、希望与勇气

积极的心态与消极的心态，虽然从表面看来，它们只有一字之差，然而，它们却可以造就迥然不同的人生。

心理学家指出，积极的心态，能让你获得财富、幸福、健康，而消极的心态，则让这一切离你远去。

积极的心态，能让你的人生达到顶峰，并尽情享受人生的快乐幸福；而消极的人生，则让你的一生都无奈地留在底层，终生与困苦、不幸相伴。即使你有良好的家世，即便父辈为你铺好了一条通往成功之路，如果你的心态不积极，那么，最终也会让眼前的一切，消磨殆尽。因为消极的心态，是一种将人往后拉的负面力量，如果你不加以抗拒，最终，你的人生会成为它的俘虏。

在人生和事业中，每个人的心态，都始终是其成功与否的关键。如果你能保持积极的心态，自主地掌握自己的思想与行为，并明确地为目标理想而努力奋斗，那么，你将享受到这样的人生风景：

拥有成功的环境和成功的意识。

你将会是一个生理和心理都健康的现代人。

你能够经济独立。

你拥有爱心，且能恰当地表达自我。

你拥有平静的内心。

自信，而没有恐惧感。

你能赢得长久的良好友谊。

长寿，以及能在生活的各个方面得到平衡。

免于自我设限，在你的生活中，有无限可能。

充分了解自己和他人。

相反的，如果你的心态，是消极悲观的，而且这种心态左右着你的思想与行动，那么，不管你是否愿意，你的生活都将变成这样：

过着贫穷与困苦的生活。

躲不掉生理与心理方面的各种疾病。

你将变得平庸。

你不断地为自我设限，你的生活很难有突破。

你常常会感到恐惧与不安。

遇到困难时，你缺乏勇气。

你树敌无数，朋友难求。

你将会烦恼多多。

你的生活，因种种烦恼而大受影响。

你缺乏个人意志，常常受人影响摆布。

你的生活，缺少意义，不仅乏味，而且很苍白。

你能从自己人生的起点，看到人生的终点吗？显然不能。生活是一步步的人生路积累起来的，它是由每一分、每一秒的光阴组合而成的，虽然我们本人无法将它看完整，可是，它仍然是我们从出生到死亡的整个过程。多么像诗句里所写的那样：光阴在一点一滴地汇成我们的日子，今天的一切，全都生长于它的昨天，也孕育着它的明天。

事实上，身为一个人，我们很少特别关注光阴的流逝，我们也同时缺少观照生活与自我的勇气，仅是凭着一种巨大的生活惯性走下去，也不管那条路走下去，是天堂，还是地狱。

如果这种惯性是积极而向上的，那么，我们的生活，将朝美好的方向不断迈进，即使你遇到了暂时的困难，这股力量也将推动你往更宽广的路上前进，让你享受到人生美好的光景。而如果这种惯性，是消极而悲观的，它将成为使人麻木、萎靡的慢性毒剂，它会一点点消耗掉你的活力与勇气，你的人生，将在毒剂的麻醉下，一点点失去光彩，终将成一片苍白。

也许有人会说："我的一生，碰到过许多困难与挫折，每当这时，我也努力让自己学习积极的心态，可仍是解决不了问题。"

或者还有人说："是的，我并不认为积极心态，能给人带来成功。在我的事业陷入低潮之时，我也试过保持积极的心态，但我的生意，还是像以前那样，没有任何起色。积极的思想，有什么用呢？它根本无法改变我困顿的现状，一切还是照旧。"

他们的这些看法，正是那种习惯了消极悲观的人们对抗积极乐观的普遍想法。这些人并不真正了解积极乐观力量的本质，他们虽然也对建立积极的心态进行了尝试，但他们根本上是抱着一种否定与排斥的态度来进行的，当然不可能达到预期的效果。

心理学家指出，保持积极乐观的心态，并不是要求你像一只鸵鸟一样，将头埋进沙子里，不去面对问题。

一个积极乐观的人，并不会否认消极因素的存在。那些保持积极乐观的人，可能遇到过比别人更多的挫折和困顿，但他们所做的，并不是逃避，而是学会不让自己沉溺其中。

英国年轻歌手葛瑞盖斯，从小就有口吃毛病，凭着自己的意志和努力，现在已经成为全世界许多年轻人的偶像歌手。

已经近90高龄的老牌演员阿匹婆，因为大环境的不景气，找她演戏的剧组有限，所以改行在桃园老家卖药炖排骨，所有料理，全部亲自动手。

不同一般名人开的店，没有华丽气派的装潢，只有简单的桌椅，店里最显眼的布置，就是阿匹婆的剧照。不再是以往大红大紫时优越的生活，阿匹婆却觉得自己过得很幸福。现在，阿匹婆不但获得

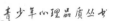
第41届金马奖终身成就奖，还在台北石牌开分店。

积极的心态，是一种思维的模式，它要求我们在生活中，学会用乐观进取的心态来面对一切困难，即使我们身处恶劣的环境，也不会放弃希望与梦想，而是寻求最好的、最有利的结果。

积极的心态，虽然不是能点石成金的手指，但它却是一种持久的力量，让我们即使举步维艰，也仍然有所希望。

事实证明，当一个人往好的方向看待事情，并朝着这个方向努力时，他是比较容易获得成功的。积极的思想，不仅仅是一种主观的选择，也会形成客观上的生命助力。

我们知道，积极的心态并不具有什么神奇的魔力。它不能给失业者带来职业，也不能给贫穷者带来金钱，不能给饥饿者带来食物，它不能无中生有，也不能化腐朽为神奇。可是我们要明白，所有的一切，最终都只能靠我们自己，而这种积极的心态，则能提供给我们战胜困境的勇气。

积极的心态，能给你希望，让你克服消极因素的影响，拥有实现目标的精神力量、热情与信心。在面对困难时，你可以坦然说：我能……我可以，而不是充满疑惧。积极的心态，将是你追求成功必不可少的因素，无论是面对工作与生活，你都需要保持积极的心态。

所有成功的人生，都有一个共同的特点，那就是积极的心态。无论是在职场艰难的打拼，还是在家庭生活的细心经营，积极的心态都是一个首要具备的条件，它能让一个身处顺境的人，感到幸福、平静、快乐，也让那些遇到麻烦与问题的人，保持乐观、希望与勇气。

一切都可能改变

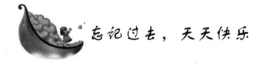

忘记过去，天天快乐

心理学家指出，我们的一天中，有两个重要的时刻，一是早上刚刚醒来时，另一个则是晚上入睡之前。这两个时刻的感觉，是有可能延续到白天和夜晚的任何时候的。如果你在这两个时刻感觉良好，那你就更容易感到活力与幸福。

如果在每天早上的 10 点以前，你所感受到的是愉快的话，那么在一天的其他时间里，你也会是愉悦的。譬如，早上起来，你到花园里，欣赏到了一朵刚刚绽放的美丽的花，呼吸了新鲜的空气，看到了初升的太阳，你的心情感到无比舒畅，那么，你这一天都可能有个好心情。

为了能一天都过得愉快，美国著名作家、《湖滨散记》（又译作《瓦尔登湖》）作者梭罗，甚至搬到了空气清新的乡村，而他每天早上所做的第一件事，就是告诉自己一个好消息。他会对自己说："瞧，我能活在世间，这是一件多么美妙的事，如果我不能活着，我将感受不到脚踩在雪地上所发出的那种咯吱咯吱的美妙声音，也无法闻到木材燃烧时发出的清香气味，更看不见人们眼中流露出的爱的光芒。"因为这些好消息，梭罗的每一天，都过得非常快乐。即使在远离人群与文明社会的独居岁月里，他也能独自面对着物质的匮乏，永远保持愉快与感恩的心境。

近些年，中国台湾兴起了一股民宿风，我一直很喜欢这样的度假方式。民宿的主人，会兴高采烈地告诉你，怎样分别不同种类的夜里蛙叫声，以及清晨鸟鸣声。在他们简单的生活里，世间万物，都是趣味盎然的。

快乐其实不需要任何理由，它可能是门前一朵不起眼的花，或是透过窗帘的金色阳光，抑或是一句充满关爱的问候、一个小小的善举、一首优美的乐曲。可是，如果你忽略了它，你的心灵将变得坚硬，你也很难体验到人世间弥足珍贵的幸福感觉。而如果你能时时提醒自己快乐、幸福，那么，你就会发现，幸福的时刻，随时都会闪现。

著名作家埃默森在每一天将要结束的时候，都会提醒自己，要以愉快的方式来结束。他说："每一寸时光都一去不返，我们每天都应该做好自己要做的事情。也许有过疏忽与荒唐，但你要尽快忘掉它们。明日又是新的一天了，我们可以重新出发，振作精神，不让过去的错误，成为未来的包袱。"

第三章　积极改变心态，乐观改变生活

77

生活的每一天，都不可能是完美的，你可能有过错误，有过不快，但是，以悔恨来结束一天，是不明智的举动。所以，埃默森奉劝人们在每一天入睡前，把自己当成一个关门人，你将今天的一切轻轻关上，变得心平气和。你看重的是未来，对于已经发生的一切，你都接受，无论发生什么事，你都能坦然入睡。

曾任英国首相的劳合·乔治有一个习惯，他和朋友一起散步时，每经过一扇门，他都会随手将门关上。他的朋友说："你其实没有必要关上这些门。"劳合·乔治回答说："哦，当然有必要。我的一生，都在关我身后的门，这是我们必须要做的事情。当我关门时，我将过去的一切，都留在了身后，这样，我就又可以重新开始了。"

忘记过去，天天快乐，这是一个明智的人做出的明智选择，因为昨天的错误已在我们身后，而未来才有我们的梦想和追寻的一切。

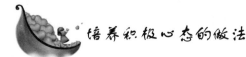

培养积极心态的做法

虽然在某些事情上，我们可以表现出积极乐观的心态，但如果要想在对待任何事情上，都能做到这样，则不是一件容易的事。就像心理学家指出的那样：积极的心态，需要反复的学习与实践。就像我们打高尔夫那样，你可能在某个时刻打了一两杆好球，便以为自己懂了这项运动，但在下一个时刻，你可能连球都击不中呢。我们需要每天学习，以克服自己的负面习惯，将自己调整为正向的思维方式。

积极乐观的心态，需要长期不懈的学习，它就像一种熟练的技艺，手到自然心到，很快就会成为习惯。

心理学家在采访了许多成功人士之后，为我们总结出了如下培养积极心态的做法，我们不妨好好加以借鉴：

与你过去的失败经验彻底决裂，消除你脑海中那些与积极心态背道而驰的所有不良因素。

找出自己一生中，最想得到的东西，并且立即开始行动，努力

一切都可能改变

追寻你的目标。

确定你真正需要些什么，并且制定一个得到这些资源的计划。注意，你所制定的计划，不能太过，同时也不能太欠缺。因为贪婪是使野心家失败的最主要因素，你必须把握一个适当的量度。

每天做一件让他人感到舒服的事，或是说让他人感到高兴的话。你可以非常轻松地做到这一点，例如用电话、电子邮件的方式。训练自己在每一困境中，用积极的心态面对这一切。

养成精益求精的习惯，并充满爱心与热忱地将这种习惯发展成为嗜好。你要明白，懒散与消极是一对好朋友，它们总是成双成对的出现。而精益求精的习惯，有助于你保持快乐与积极的心态。

当你遇到问题无法解决时，你不妨试着先帮助别人解决问题。千万不要因为自己遇到麻烦，而拒绝帮助别人。事实上，你在帮助他人解决问题的同时，你自己也正在洞察解决自己问题的方法，因为灵感时常会在不经意间来临。可以做一些简单而善意的举动，来表达自己的关心。例如，你可以送给他人一本励志的小书，鼓励他人建立信心，追求美好的生活。在将快乐与信心带给他人的同时，你自己也同样可以从中获得力量。俗话说，日行一善，可让你无忧无虑。

你要了解真正的挫折是什么。事实上，打倒你的，并不是挫折本身，而是你面对挫折时所抱持的悲观态度。

每天阅读一篇励志文章，从他人的经验中，吸取面对困难的勇气。同时，你也会坚信，积极乐观的心态，会对一个人的命运，产生极大的影响。

彻底清理你的财产，你会发现，你所拥有最有价值的东西，并不是金钱，而是你健全的思想，它能让你决定自己的命运，从而把握自己的生活，感受生活赋予的一切。

向你曾经冒犯过的人们致歉，不要让自己的歉意留在心里，要将它们公开表达出来。这个工作，可能比我们想象的还要困难，可是一旦你这样做了，你将摆脱内心的消极感受，感到前所未有的轻松。

改掉你的坏习惯，持续一个月，你每天减少一项恶习，并于每

第三章 积极改变心态，乐观改变生活

周反省自己努力的成果。如果你需要别人的帮助，不要怕不好意思，你应积极向那些能给你帮助的人求助。

自怜会毁灭一个人的独立人格，你要相信，只有自己，才是你唯一能够随时依靠的人。

将你所经历过的一切困难，都当成是激励自己积极向上的机会，要相信，只要你能从中吸取向上的力量，那么，即使是最悲伤的经验，也会成为人生珍贵的财富。

不要有控制别人的念头，在这个念头将你摧毁之前，你要首先摧毁它，将你的精力，用来控制自己，而不是他人。

将你的全部思想，用来做你想做的有益事情，而不要留半点思维空间给那些胡思乱想。

找到适合你自己心理与生理的生活状态，不要羡慕他人，更不要浪费时间，要把握自己的一切。

每天都要向生活索取合理的回报，而不是等回报自动落在你的手中。你最终会为得到许多你所希望的东西，而感到惊讶。

除非他人有足够的证据，证明他们真的正确与可靠，否则，不要轻易听信他人的建议。许多人的错误，是因为他们轻信别人的误导所致。

你要相信，人们的力量，并非来自于他们的物质。不要将财富可能带来的力量，过于扩大化了。

多多活动，以保持自己健康的身体状况。生理上的疾病，很容易造成心理上的失调，你的身体和思想，要同时保持活力，这样，才能保持积极的行动。

爱是治疗生理与心理疾病的最佳药物，爱会在不知不觉中，改变并调适你体内的化学元素，这将有助于你表现出积极的心态，扩展你的包容力。接受爱的最好方法，就是付出爱。

以相同的或者更多的价值，来回报给那些给过你帮助的人。遵循报酬增加原则，这会给你带来友谊与好处。

相信当你付出时，你会得到等值或是更高价值的东西。

相信自己能为所有的问题找到答案。

用别人成功的事例来鼓励自己，提醒自己可以克服任何困难。

一对于他人善意的批评，应当接受，而不应当作出消极的反应。从别人的态度中学习，并反省自己，找出应该改进的地方，不要害怕批评，而是应该勇敢的面对它。

与成功和积极乐观的人交朋友，从他们身上吸取积极正面的力量，并与他们分享成功的经验。

分清楚愿望、希望、欲望及真正想达到的目标之间的差别，其中，只有欲望会给你驱动力。

避免那种具有负面意义的说话形态，不要吹毛求疵、闲言碎语，也不要中伤他人，这些行为，会朝着消极的方向发展。

锻炼你的思想，让它能够导引你的命运，朝着你希望的方向发展，把握住每一分思想的火花，将它们真实拥有。

随时随地表现出真实的自我，这样，你才能活得更自在，也会更受欢迎。

相信你的智慧，相信它会给你奋斗所需要的所有力量。

信任与你共事的人，并承认，如果和你共事的人不值得你信任，那么，表示你选错人了。

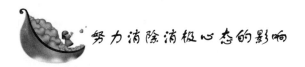

努力消除消极心态的影响

唯有那些具有积极心态的人，才能抓住机会，即便他们处于厄运之中，好运气也同样会降临于他们身上。

消极的心态，对个人的生活，会产生巨大的影响，而且，人们对这种心态，有着一种倾向性，它的力量所引发的后果，往往大于积极心态的力量所能带来的积极作用。

所以，为了在人生之路上走向成功，避免失败，我们必须努力消除消极心态的影响，将它们的影响降到最少。

在这个多变的地球上，传奇不断地在发生，别说你被幸运之神遗弃了，看看伍道尔的故事吧。

英国47岁男子伍道尔，他在超市当经理，多年前，他利用工作

第三章　积极改变心态，乐观改变生活

闲暇写童话故事，下班回家后，在睡前念给孩子听，哄他们入睡。

孩子越听越着迷，要求他继续写，于是，他把这些故事写成一本书，叫《快乐与悲伤》，讲的是动物世界奇奇怪怪的事。

11 年里，伍道尔连续把书稿寄给 30 家出版社，被退稿 30 次，第 31 次，终于有一家出版社愿意帮他出版，完成了他出版这本书的愿望。

这本书还被美国迪斯尼公司看中，准备拍成电影，他获得 100 万美元电影版权费，而且这本书大受好评，还可能登上英国畅销书排行榜，让伍道尔成为畅销书作家。

具有积极乐观的心态，不因挫败而丧失信心与希望的人，可以发现财富，可是具有消极心态的人，却不会等到这一天。

由此，我们不得不承认，好运时时刻刻存在于我们看似平凡的生活当中。然而，如果人们以消极的心态对待生活，那么，好运气是不会降临于他的。唯有那些具有积极心态的人，才能抓住机会，即便他们处于厄运、挫折之中，好运气也同样会降临于他们身上。

举世瞩目的大富豪洛克菲勒 16 岁时，高中都没毕业，竟然充满信心地告别学生时代，开始他的淘金梦。在酷热的夏天，他踌躇满志的翻开全城的工商企业名录，仔细寻找那些知名度高的公司。

虽然他高中没有毕业，毫无工作经验，但他坚信，只有那些大公司才适合自己，而且他从来没有改变过这个想法。

他去了银行、铁路公司及批发公司，对那些名不见经传的小企业，他根本就没有考虑。

他去那些繁华的商业区找工作，没有丝毫的胆怯，他总是直接要求见老板，或是一个真正管事的人，对那些助理一类的人，他从不和他们多费口舌，而是直截了当地说："我懂会计，我要找个工作。"

可想而知，一个高中都没毕业，又没任何工作经验的人，一再的碰壁是理所当然的。但是洛克菲勒却不气馁。每天早上 8 点钟，他穿戴整齐，开始新一轮的预约面试。有些公司，他甚至去了三四次，换了别人早就放弃了。不过，洛克菲勒是一个倔强的人，困难越大，他的斗志也越高，决心也越坚定。

一切都可能改变

那个炎热的夏天，成为洛克菲勒一生事业的开始。洛克菲勒回忆说："路面又热又硬，我不得不走很长的路，常常双脚发痛。那时候，父亲曾对我说，如果我找不到事，就叫我回乡下去，那是我所不愿意的，我不想依靠任何人，而且也坚信自己一定能找到一份好工作。那时，我每天都安排得满满的，我的工作，就是找工作。"

这场面试的持久战，持续了六个星期，他从没有放弃。终于，有一家商行录用洛克菲勒为记账员，从此，开启了洛克菲勒传奇致富的一生。

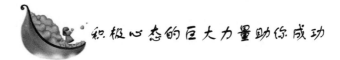

积极心态的巨大力量助你成功

真正的成功者，往往都具有如下的特点：他们有能力使用积极乐观的力量。

世界上没有人能一帆风顺地度过自己的一生，就算是皇亲国戚，也同样会有落难与不得势的时候。因为生活中处处都有激流和暗礁，是不可能没有挫折与失败的，重点就在于，我们应当如何面对逆境。

我们可以时常看到的是，许多人只要遇到挫折与失败，他们就会马上丧失自己的意志和勇气，在困难面前，轻易地倒下了，甚至不用困难亲自来打倒他们。可是，另外一些人，却不是这样，即使失败，他们也能从失败中获取经验，并化为前进的动力。对我们而言，这是两种差异多么大的心态啊。

我们来看一下这样一个故事。美国联合保险公司里有一个叫亚伦的推销员，他一直想成为公司的明星推销员，他用励志书籍和杂志，培育着自己的积极心态。就在他开始这种训练后不久，一个意料之外的挫折向他袭来了。多亏有了积极心态这个法宝，他才得以从厄运中脱身出来，获得了非凡的成就。

当时是一个寒冷的冬天，亚伦在威斯康星州的一个空旷而寒冷的城市小区中推销保险，可是一直没有成效，他连一份保单都没有卖出。显然，他对自己的这种成绩并不满意。可是，他并没感到气馁；反而采取了一种积极的心态，把对自己的不满化为前进的动力。

亚伦回忆起不久前读过的励志书籍，准备把里面的原则，运用到自己的工作中。于是，在第二天，他从办公室出发时，他就对别的同事讲述了自己头一天的失败经历。接着，他对他们说道："大家就等着瞧吧。今天我还会去拜访那些顾客，并且，我将卖出比你们卖出的加起来还多的保险单。"

后来的事实证明，亚伦真的做到了这一点。当他回到那个小区时，他马上就去拜访那些在头一天跟他谈过话的每一个人，他也因此售出了 66 份新的事故保险单。

这是多么了不起的一个成绩啊，可这个成绩就是由失败转化成的。对亚伦来说，当时是让人多么灰心的场景啊。亚伦在风雪里走大街、穿巷弄，整整忙了 8 个小时，却没有卖出一张保险单。如果是一般人，绝对会就此放弃了，并对自己失去信心。

可是，亚伦没有这样做，他把大多数人在失败的情况下所感受到的消极不满，在第二天就迅速化为激励自我的能量，而且获得了前所未有的成功。由于他的积极心态，也由于他借由积极心态所造就的不俗业绩，亚伦成为该保险公司的最佳销售员，同时，也在不久之后升任为销售经理。

从亚伦这一类成功者的身上，我们不难发现这些真正的成功者，往往都具有如下的特点：他们有能力使用积极乐观的力量。

不过，在生活里，成功并不是轻而易举就能实现的。我们并不具备让成功轻而易举实现的条件，即便我们拥有这些条件，可是我们仍可能看不见它。在生活中，这样的事例举不胜举，因为即便是显而易见的东西，大家也往往视而不见。但是，一个简单的事实就是：包括你我在内的许多人，总是盼望成功会以某种不可预知的神秘方式拜访我们。

拥有积极乐观的心态，是突破这一魔障的最佳办法。因为积极的心态就是一个人的优点，有了积极的心态，人们就更容易获得成功，这有什么神秘莫测的呢？

在这方面，亨利·福特的一个故事，可能也会给我们带来某些启示。著名的汽车大王亨利·福特成功之后，马上就成为众人追逐和羡慕的名人。可是，大多数人都觉得福特的成功是因为他运气太好，或者是有帮助他的朋友，或者他是个天才，再或者是他们自己认为的各种各样促使福特发财的所谓秘诀。我们无法否认的是，在福特的成功过程中，这些因素都多多少少起了作用，但是这些因素绝不是决定性的。

在这个世界上，不是没有人知道福特成功的真正原因。知道的人太多了，可以说每 10 万人中，就有那么一个。可是，这些人里面又有多少人获得福特那样的成功了呢？显然没有。因为这些人，大多数人并不在意这个过于简单的原因，事实上，我们若要了解福特成功秘诀的话，只要看一眼他的工作与行动就知道了。

多年以前，福特准备改进现在已经非常著名、可在那时却默默无闻的 V8 汽缸的引擎。他的想法，是要制造一个一体化的 8 个汽缸的引擎，他叫研发工程人员照他的意思设计，可是研发工程人员却认为，要造出这样的引擎是根本不可能的事。

福特说道："无论如何，一定要设计出这种引擎。"

"可是，福特先生，"他们抗议道，"这根本是不可能的事。"

福特可不管这些，他下命令道："去工作吧。坚持做这项工作，不管用多少时间，你们一定要把这项工作完成。"

研发工程人员无可奈何，因为他们要想在福特公司待下去，就不得不去做这样的事。半年过去了，他们的工作毫无进展，一年过去了，他们的工作仍然没有获得成功。似乎研发工程人员们越是努力，这项工作就越不可能完成。

到年底的时候，福特再一次询问这些研发工程人员，研发工程人员告诉他，确实无法达成这个命令。福特仍然对他们说道："继续工作，因为我需要它，并决心得到它。"

最后发生了什么事呢？结果，当然是我们谁都想得到的——这种引擎制造成功了，它被定名为福特 V8 引擎，并被装配到当时最好的汽车上。这使得福特汽车公司一举成为全球汽车市场上最强的公司，同时，也成为汽车行业游戏规则的制定者。福特也因此成为世界知名的汽车大王，带领美国汽车工业走在世界前头，其他汽车公司花了许多年的时间才追赶上来。

显然，福特这种积极的心态，对于任何人都是适用的，因为掌握了这个法宝，就可以把看似不可能的事情中蕴涵的可能性变成现实，从而获得最后的成功。

人生虽然不过百年，可是，即便20岁工作，60岁退休，一生中也仍然有10万个小时用于工作。

试想想，在如此大量的时间里，有多少小时你是抱着积极的心态在工作，又有多少小时是抱着消极的心态在工作呢？而当你以积极心态工作的时候，必定会有巨大的力量助你成功，而当你以消极心态工作的时候，你绝对会因受到令人晕厥的打击而丧失活力。

一切都可能改变

 积极乐观的心态，能够成为动力

心理学家告诉我们，这个世界上快乐的富人绝对比快乐的穷人要多，在某个方面来说，财富能给我们带来安全与幸福。而一个人的心态，可能成为他获得金钱路上的最大推动力，也可能成为最大的绊脚石。

心态积极乐观的人，即使遇到困难，也相信自己终有一天会摆脱眼前的困境，让自己与家人过上好日子。而那些消极悲观心态的人认为，人生本来就不公平，别人的快乐与富有，是因为他们一出生就含着金汤匙。在消极的人看来，贫穷与不幸是命运的安排，个人的力量无法与宿命相抗衡。当他们陷入这种习惯性负面思维的时候，他们就不再去做努力，唯有抱怨、叹气而已。

心理学家指出，尽管这个世界上穷人很多，有些人出生在一个贫困的家庭，直到死时都处在贫困之中，他们一生没有享受到金钱带来的富足与便利，他们在匮乏与不安中度过一生。

可是他们也许没有想过，造成自己贫困的原因，并非上帝的有意安排，而是他们自己心态造成的。也许，我们能从下面这个故事中，获得一些启迪。

福勒出生在美国一个贫困的黑人家庭，像周围许多其他黑人孩子一样，他没有受过教育，5 岁就开始劳动，一直以赶骡子为生。

虽然他的境遇与其他孩子一模一样，但他却有一个与其他人不一样的母亲。福勒的母亲，虽然也忍受着由于贫穷带来的艰辛，但她并不认命。她不满足这种收入仅能饲口的生活，她希望自己与家人能够生活得更好。而且，她羡慕周围那些生活富足而幸福的人们，她认为自己也应该像他们一样生活。

她常常向孩子谈论自己的梦想。她说："福勒，我们并非生来就该过这样的生活，我不想听到你像你父亲那样，认为我们贫穷是上帝的意旨。不！不是这样的，绝不是上帝让我们过这样的生活，而是因为你的父亲，他从来没有产生过致富的愿望。我们家庭中，从来没有人产生过出人头地的想法。"

不认命的母亲，给幼小的福勒心灵上很大的震撼，而且这个致富观念，随着年龄的增长而越加强烈。他决心不再重蹈父辈们的生活，而要走上致富之路。致富的梦想，像火花一样照亮了他的生活。经过一番考虑，他将经商当做自己致富的途径，选择经营肥皂。

在接下来的 12 年里，他挨家挨户推销肥皂，一点点地积蓄财富，并随时准备迎向人生更大的发展。一天，福勒获悉那家为自己供应肥皂的公司将出售。他认为机会来了，自己一定要抓住这个机会。这家公司的售价是 15 万美元，而他多年推销肥皂，积累下了 2.5 万美元。经过谈判，他与这家公司的所有者达成了一项协议，双方约定：福勒先缴 2.5 万美元的保证金，然后，将剩下的钱，于 10 天之内付清。协议规定，如果他不能于 10 日内付清余款，就连保证金也不能收回。

在推销肥皂的 12 年里，福勒的信用和为人得到了许多人的尊敬与赞赏。他相信自己现在去找他们帮忙，这些人是不会拒绝的。他从私人朋友、投资公司与信贷公司那里，借了一些钱，不过直到在协议到期的前一天，他只筹借到了 11.5 万美元，还差 1 万美元没有着落。

福勒心里非常着急，他知道自己能借的地方都借了，可是他必须再借到 1 万美元才行。那时，已经是深夜了，他从屋里跑到大街上，向上帝祷告，求上帝能让他见到一个能借给他 1 万美元的人。

他自言自语道:"我要开车走遍第 61 号大街,直到我在一栋商业大楼里看到灯光。"

福勒真的这样做了,最后,他看到一所承包商事务所亮着灯光,他走了进去。他看到了一个因为长时间工作而显得疲惫的中年人,他告诉自己"一定要成功、一定要大胆。"

"你想赚 1000 美元吗,先生?"福勒直截了当地询问。

福勒的话,让中年人大吃一惊,他答道:"当然想。"

"那么,请给我开一张 1 万美元的支票吧,当我奉还这笔钱时,我将另付 1000 美元的利息。"福勒说道。他详细对他解释了自己的情况,并将此前借钱给自己的一些人的名字,一一讲给这个中年人听。

那天夜里,当福勒离开这个事务所时,他已经得到了 1 万美元的支票。他顺利地得到了那个公司,并控制了它下属的化妆品公司,他的事业做得越来越大。

当有记者问福勒如何从社会底层奋斗起来,并获得巨大成功时,他用他母亲多年前的话作为回答:"我们的贫穷,不是上帝造成的,而是由于我们的父亲从来没有过致富的念头。在我们的家庭中,每个人都是认命的,认为自己生来如此,不能,也无法做出改变。一个人只有知道自己需要什么,当你看到它时,你才能认出它来。"

其实,福勒成功的关键,在于他拥有积极乐观的心态。这种积极乐观的心态,能够成为追求的动力,使他变得自信、努力,并最终改变了自己的命运。

每个人都避免不了失败与困顿,日本最有名的发型设计师陵小路,当他从京都到东京时,穷到在公园睡了一个月;理查·巴哈《天地·沙鸥》的稿子,连续被 18 家出版社拒绝;席维斯·史泰龙拿着《洛基》的构想,跑过好莱坞大大小小的电影公司……

第四章　想法改变人生，改变迎来机遇

　　各种人，各种想法，各种选择。常听到这样一句话：人人都有难处。因为这个"难处"，于是便有了各人不同的选择和立场。人前人后，台上台下，都遵循着这个立场在做事。

 ## 正确的想法能改变人的一生

各种人，各种想法，各种选择。常听到这样一句话：人人都有难处。因为这个"难处"，于是便有了各人不同的选择和立场。人前人后，台上台下，都遵循着这个立场在做事。是一条链子上的生物就要环环相扣，才能各得其所，谁不想过得更好呢？不要以自己主观的想法来判断一件事或一个人。

有三个人要被关进监狱三年，监狱长答应满足他们每人一个要求。美国人爱抽雪茄，要了三箱雪茄。法国人最浪漫，要了一个美丽的女子相伴。而犹太人说，他要一部与外界沟通的电话。

三年过后，第一个冲出来的是美国人，他的嘴里、鼻孔里塞满了雪茄，大喊道："给我火，给我火！"原来他忘了要火了。

接着出来的是法国人。只见他手里抱着一个小孩子，美丽女子的手里牵着一个小孩子，肚子里还怀着第三个。

最后出来的是犹太人，他紧紧握住监狱长的手说："这三年来我每天与外界联系，我的生意不但没有停顿，反而增长了200％，为了表示感谢，我送你一辆劳斯莱斯！"

这个故事告诉我们，什么样的选择决定什么样的生活。今天的生活是由三年前我们的选择决定的，而今天我们的选择将决定我们以后的生活。我们要选择接触最新的信息，了解最新的趋势，从而更好地创造自己的未来。

如果你老按自己的想法做事是很容易伤害朋友的，有的时候，朋友之间需要沟通与理解。

两个女孩，她们的感情一直很好，经常在一起玩。有一天，其中一个女孩得到了一个漂亮的洋娃娃，另一个女孩也很喜欢，而她也看出了那个女孩的心事，只是没和她说，想在第二天给她一个惊喜。

可是，在晚上，当别人都入睡的时候，那个小女孩来到了这个女孩子的房间，偷偷地拿走了那个洋娃娃，用已经准备好的剪刀把漂亮的洋娃娃剪得粉碎，脸上还露出了开心的表情。

第二天早上，当女孩儿醒来时，发现洋娃娃不见了。当她知道是自己最好的朋友把它剪碎时，心里很伤心，本来她还打算把这个洋娃娃送给她的，而她……女孩伤心的不仅仅是一个娃娃，而是两个人的感情从此破裂了。

一个人对事情的最终判断其实永远有其逻辑可循。悲观的人看到一场盛大的婚礼永远会想到罗密欧与朱丽叶；乐观的人即便看到一场年轻人的葬礼想到的也可能是关于再生与转世。我们对事情的判断永远依托在我们对事情结局的判断上。

让一个人做出不同以往的选择其实是很常见的，很多人会根据自己日常经历失败的例子，做出不同他以往的判断，但不幸的是这种不同于他一贯的判断的结果，不仅不会给他带来更高的准确率，而往往会恰恰相反。这是因为，他一贯的判断其实可以使他更容易掌控事情变化的方向。一个人，比如当面对火灾的可能发生时，一贯悲观的人会马上行动，一贯乐观的人会看情况的发展再做决定；但是如果一个一贯悲观的人做出乐观的判断——看情况的发展，那么他不会有一贯乐观的人那么有看情况发展的经验，所以，在这种不同于往常判断的情况下，发生大火的可能性比他一贯判断处理后的可能性要高很多！所以，对于一个成熟的有习惯的人而言，判断自己的想法其实还是得依靠自己一贯的判断。

我们在很多情况下都面临着迫切或者不迫切的选择，许多选择后的现实的利害关系往往会使我们丧失正确的判断力，但是，不要放弃你一贯的判断力，一个悲观的人做出的乐观判断其实往往意味着更坏的可能性。如果不是这样，我们就不会看到为什么这个世界上会有那么多的唏嘘与遗憾！

只有正确的想法才能改变人的一生。

两个儿子大了，一个富翁老了。这些日子，富翁一直在苦苦思索，到底让哪个儿子继承遗产？富翁百思不得其解。想起自己白手起家的青年时代，他忽然灵机一动，找到了考验他们的好办法。他锁上宅门，把两个儿子带到100里外的一座城市里，然后给他们出

第四章 想法改变人生，改变迎来机遇

91

了个难题，谁答得好，就让谁继承遗产。他交给他们一人一串钥匙、一匹快马，看他们谁先回到家，并把宅门打开。马跑得飞快，兄弟两个几乎是同时回到家的。但是面对紧锁的大门，两个人都犯愁了。哥哥左试右试，苦于无法从那一大串钥匙中找到最合适的那把；弟弟呢，则苦于没有钥匙，因为他刚才只顾赶路，钥匙不知什么时候掉在了路上。两个人急得满头大汗。突然，弟弟一拍脑门，有了办法，他找来一块石头，几下子就把锁砸开了，他顺利地进到了门里面。

弟弟在困难面前勇敢地做出了选择，而不是在困难面前徘徊。自然，继承权落在了弟弟的手里。人生的大门往往是没有钥匙的，在命运的关键时刻，人最需要的不是墨守成规的钥匙，而是一块砸碎障碍的石头！

人都要面临选择，一个念头，一个想法，或许是手指的轻轻触动，或许是简简单单的一句话就促成了一个选择，而以后，则要花费很长很大的代价去接受选择所带来的一切——或好或坏！每逢选择的时候，喜欢把选择权交给对方是一种对责任的推卸。

有些选择则没有那么简单，反反复复，深思熟虑，最后做出一个权衡了很久的选择，却突然发现，自己要面对的是个很简单的世界，在做出选择之前已经把所有的一切都已经想清楚，于是当结果来临的时候一切都变得那么自然，没有了过多的烦恼！

天地间的很多事情都是公平的，经历了选择之前的煎熬常常能享受到选择之后的快乐和轻松，即使面对波折也同样能成功地化解，而轻易做出的选择则往往会带来一连串更多的烦恼，因此，在做出选择时一定要慎重，一旦选择了就不要后悔，要为之努力，做到最好！

选择与判断需要力气，需要勇气，需要眼光，需要精力，需要时间。

学会改变现有的思维方式

有什么样的思维方式。就有什么样的行为方式，就有什么样的心情。思维决定你的看法，决定你的前途。听听下面这个故事你们就会明白的。

英国是一个高福利和高薪制的国家，只要能找到工作，一般都能拿到理想的薪酬，但在英国，要找到工作却很不容易。有一位年轻人，尽管他有一张名牌大学——英国伯明翰大学新闻专业的文凭，但在竞争激烈的人才市场上却四处碰壁。

为了求职，这位年轻人从英国的北方一直跑到伦敦，几乎跑遍了全英国。一天，他走进世界著名的大报——英国《泰晤士报》的编辑部。

他鼓足勇气，十分恭敬地问招聘主管："请问，你们需要编辑吗？"

对方看了看这位外表平常的年轻人，说："不需要。"

他接着又问："那需要记者吗？"

对方回答："也不需要。"

年轻人没有气馁："那么，你们需要排版工或校对吗？"

对方已经不耐烦了，说："都不需要。"

年轻人微微一笑，从包里掏出一块制作精美的告示牌交给对方，说："那你们肯定需要这块告示牌。"对方接过来一看，只见上面写着："额满，暂不招聘。"

他的举动出乎招聘者的意料，招聘主管被这个年轻人真诚而又聪慧的求职行为所打动，破例对他进行了全面考核。结果，他幸运地被该报社录用了，并被安排到与他的才华相适应的外勤部门。事实证明，报社没有看错人。

许多年后，他成了伦敦泰晤士报社社长。这个人就是沃尔特——一位资深且具有良好人格魅力的报业人士。沃尔特在求职时善

第四章 想法改变人生，改变迎来机遇

于变换思路，善于绝处求生的创新思维给自己赢得了让别人发现自己才华的机遇，成功地在几近绝望的时候创造出柳暗花明的奇迹。

要用熟悉的眼光去看陌生的事物，要用陌生的眼光去看熟悉的事物。其中也包含了这样的意思：认识事物、思考问题，需要变换观察和思考的角度。

一个老太太有两个女儿，她们都做生意，大女儿是卖扇子的，小女儿是卖雨伞的。天晴时，老太太就为小女儿担忧，担心雨伞卖不出去；天阴时，老太太就为大女儿忧虑，担心扇子卖不出去。如此一来，老太太的日子便过得很忧郁。邻居问她为何总是满脸忧伤。老太太就把自己的心结告诉了邻居。邻居笑着说："老太太，你真好福气呀！天晴时，你的大女儿生意很好；天阴时，你的小女儿生意兴隆。"老太太听了，顿时豁然开朗，转忧为喜。

结合人的心理因素来看，对同一个现象，不同的思想感情和心理状态，也会从不同的角度得出不同的认识。例如，一瓶酒，有的人从"真倒霉！只剩下一半了"的角度去看，会认为剩下的已很少，于是就垂头丧气。另外的人从"太好了！还剩下一半哩"的角度去看，又会认为还剩得很多，于是便精神振奋。同样的道理，对同一景点的景色，有的人从这一角度去看，会心旷神怡、大加赞赏；另一个人从另一角度去看，又会心灰意懒、横加指斥。

一个想成功并已获得成功的人，应时常调整思维模式。

有一位盲人夜间出门，他提着一盏明晃晃的红灯笼走在昏暗的路上。来往行人见他在灯笼的陪伴下摸索前行的模样，个个觉得既好笑又奇怪。

一位路人忍不住上前问道："大哥，您眼睛不好使，还打着这灯笼干啥呢？它对您有用吗？"

"有用有用，怎么会没用！"盲人认真地回答。

"有啥用呢？说来听听。"这位路人来劲了，他不经意间说出一句颇具杀伤力的话："您又看不见。"

这时，四周已经聚集了一些好奇的行人。人们都饶有兴趣地想听一番笑话。

没想到，这位盲人却抛出这么一句回应："对啊，正因为我看不见你们，我才需要这盏灯笼给你们这些明眼人以提示，免得你们在黑暗中看不见我这个盲人，把我撞倒了。"

听者无不振聋发聩，个个脑门开窍，心中豁然开朗，大家都被这位盲人的聪明给折服了。这位盲人手中的灯笼所映照出的正是一种良好的思维方式。

事物都有自己众多的不同侧面，从不同的角度去观察思考它们的不同侧面，自然会得出不同的认识。即使是对同一事物的同一侧面，从不同的角度去观察思考它，获得的认识也往往有所不同。

在生活中，我们经常是习惯于现有的思维方式，不想去改变，也不愿去尝试改变，所以我们经常陷入创新的困境。要创新就不能仅仅局限于现有的思维方式，要学会从多方面、多角度去思考。以往传统的教育方式大都是局限于"好"、"坏"两极上，其实人与事都有其生存的多面性，"好"与"坏"只是限于特定的时间、空间及相关的层面上，而现实生活中的人的言行都是带有情绪化和倾向性的。

思路要是不对，再有智慧也是徒劳。这时候脑筋转得越快，往往就死得也越早。而好的思维会使人生的旅途充满光明。每一种好的思维方式都是生命历程中的一盏明亮的灯，引导你正确地走向成功的彼岸。

过去有句古话，叫"一巧破千斤"。一千斤的重物，任我们是个彪形大汉，也是不能将它搬起移走的，但用"巧"就不一样了，比如在它的下面放上轮子，用杠杆，用滑轮等等都是用"巧"。

对于现实中出现的问题，我们也应该如此用"巧"——用一种全新的视角去研究和分析它，最后事半功倍地圆满解决它。当你面对一个巨大的机会时，要善于转换角度去思考，才能利用好机会，从而成功。

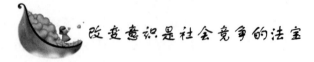

改变意识是社会竞争的法宝

改变与每个人都有着千丝万缕的联系，改变存在于社会的各个方面，只是改变的领域和程度不同、方式和方法不同、影响大小不同而已。每个人都有可能在改变中取得成效。

上海市要建高架立交桥，当时的图纸设计要求很多居民户拆除、搬迁，结果有一个小学生写信建议建一个盘旋式高架立交桥，这样就可以减少拆迁户。果然，小学生的建议被上海市人民政府采纳后，既节省了时间和经费，又为上海市增添了一道亮丽的风景。

提到创造，有些人总是觉得很神秘，似乎它只有极少数人才能办到。其实，创造有大有小，内容和形式也可以说各不相同。

求变意识是很重要的。

所谓创造，无非是指首创出前所未有的事物的意思。"创者，始造之也。"创造过程的实质是建立某种新东西，而不是原存的某种东西的再现。这也就是说，创造性就是非重复性，创造意味着发现、发明、革新，它标志着突破和前进。

创造性是人的自觉能动性的最高表现，是人的本质的体现。列宁说，人的意识不仅反映客观世界，并且创造客观世界。在世界上的一切生物中，只有人的活动是积极的、富有创造性的，作为社会活动的主体，人是创造历史的主体。

美国作家房龙在他所著的《宽容》一书里写道："在无知的山谷中，人们过着幸福的生活。"他用生动的笔法揭示了人们囿于一定的社会环境或生活习惯的时候，就会产生思维的惰性和惯性。一方面极易满足，另一方面是安于现状，不思变革，并且会不自觉地充当旧价值观念的卫道士。这是所有封闭社会的通病。也许有人会认为他的话未免太尖刻，他怎么能说我们"无知"呢？但细细想来，此话确实很有道理。

改变意识是社会竞争的有力法宝。只有一个有改变意识的人才

一切都可能改变

能强有力地发展。有头脑、有远见的人就要更多地改变意识，为改变的想法提供条件，要采取宽容的心态。多一次选择就多了一次新的机会，就可以带来一个新的世界，不跨出这一步，就永远不能主宰自己的命运。

当然，"跨出这一步"并非一定就得跳槽、辞职、改行，但人生的丰富和成功必须是求变的，要改变，就要走自己的路。"小狗"也要大声叫的，"大声"，不一定是成就高、名声大，而一定是属于自己求变、改变的叫声。

有一个年轻的骑兵发明了马蹄掌和马镫，给马蹄上一块铁掌，马行万里蹄不痛，在马鞍上配置两个马镫，增加了骑兵在马上的稳固性。这个看似简单的改变，结果却成为革命性的军事变革诱因，推动了军事装备改革的极大发展。

创造活动已经不仅仅是科学家、发明家的事，它已经深入到普通人的生活中，很多人都可以进行创造性的活动，生活、工作的各个方面都可以迸发出创造的火花。人们在事业上新的追求、新的理想、新的目标会不断产生，在为新的事业创造奋斗的过程中，实现了这些新的追求、理想、目标，就会产生新的幸福。创造是永无止境的，人类的幸福是没有终点的，人的幸福的实现是一个不断发展、不断创造的过程。

人作为自然界的主人，为了不断满足自身的需要，不仅按照万物直接的自然效用来加以利用自然，而且经常改变它的天赋形式，创造出各种新的物品。人的这种能动的创造性，是一种伟大的力量。自从人类产生以来，作为人的活动对象的自然世界也发生了巨大的变化，自然世界已经不再是亘古未变的洪荒世界，而是作为主体的人世世代代创造的结果——"人化"的世界，它到处打下了人类意志的烙印。这充分体现了人类创造力的巨大威力。

总之，最重要的能力就是能动的创造能力。我们赞扬伟大的科学家、政治家、艺术家等，是因为他们对造福人类做出了重要的创造性的贡献。而事实上，作为社会历史主体的人，无论是杰出的人物还是普通群众，都具有或大或小的创造能力，都为人类历史做出了或多或少的创造性贡献，都是"创造王国的国王"。

在改变活动中千万不要小视自己，不要觉得自己位卑学浅，要懂得，改变不仅需要知识，还需要悟性，也需要钻劲和掌握实际情况。

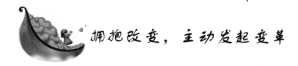

拥抱改变，主动发起变革

很多人，尤其是发明者，往往都非常钟爱自己的作品，自己不愿意改动它，也不许别人改进它。当老福特被冠以"汽车大王"的称号后，被胜利冲昏了头脑。他变得狂妄自大，变得刚愎自用，变得独断专行。

20 年代后期，美国开始形成了一个巨大的旧车市场，大批质量相当不错的二手车只需几十甚至十几美元就可以买到，这对一向以"价廉物美"而著称的 T 型车是一个极大的冲击。同时，由斯隆领导的通用汽车公司生产出了许多时髦多样和先进豪华的汽车，满足了不同阶层的购买需求，这也给 T 型车造成了较大的竞争压力。

在 19 年的时间里，福特只向市场提供一个车型——老福特本人所钟爱的黑色 T 型车。即使世界改变了，人们对样式陈旧，性能低劣的 T 型车已经不感兴趣，他也不许研发人员对 T 型车进行改造和创新，哪怕是把车的黑颜色改成其他颜色。更不可思议的是老福特还曾经把研发人员偷偷研造的新车亲手砸烂。福特公司失去了它往日的生机和凝聚力，丧失了开拓进取的能力，到了 1945 年福特二世接手的时候，福特公司每月亏损已达 900 多万美元。公司摇摇欲坠，濒于破产。

古语曰："穷思变，变则通，通则久。"经验告诉我们，没有一成不变的事，有新意才有转机，变革才能产生动力。

根据这个故事，每个人都开始写自己的心得，然后与大家一起分享。

改变总是与人相伴，但人们却未必视之为朋友。人们之所以害怕改变是因为有些改变无法控制，如果你抗拒改变，你一辈子都会处于抗拒的状态，迟早会被越转越快的世界所淘汰。你必须努力学习去拥抱改变，甚至于主动发起变革。

一项调查资料表明，30年前跻身于《财富》500强的企业到今天已有1/3被淘汰出局。同样是大型企业，为什么有的企业能够长盛不衰，而有的企业却困难重重，甚至被淘汰出局呢？其中一个很重要的原因就在于前者的经理人总能主动创造变化，适应时代潮流，而后者的经理人则在这一问题上表现迟钝。

美国英特尔公司是以生产芯片为主的企业，研发工作是其工作重心，技术人员是它最重要的"软财富"。然而，在进入新经济时代后，环境变化了，仅仅满足顾客的需求还不够，还要做到让客户高兴，拥有客户并得到客户对产品和服务的认同成为决定企业成败的关键。英特尔公司意识到了这一点，并着手对整个企业的价值链进行了改进。

改进后，英特尔公司的营销服务跟研发同样重要了。随着环境的改变，外在因素还要求英特尔公司高层必须主动创造变化，把传统的组织结构变成以客户为导向的模式，同时，岗位、岗位职责也要随之变动。另外，公司人事部还必须主动招聘一些能与客户打成一片的销售人员，并让他们最大限度地掌握满足客户需求的技巧。接下来，英特尔公司又调整了人事制度以及员工培训的内容和周期。通过这些变革，英特尔公司在新经济时代保持了快速的发展。

对于很多企业来说，变革都是一项"软任务"，即有时候虽然不做任何改变，但企业看起来也能运转下去。殊不知，等到企业无法运转时再进行变革就为时已晚了。因此，企业领导者必须抓住变革的契机，及时进行调整。

凡是优秀的企业，一定是高效和高速运转的企业。它们不能容忍自己静静地坐在树下守株待兔，它们会像鲨鱼一样在深海中不停地游弋。它们总是在不停地提高自己的运转速度，以求能够先于对手感知即将来临的重大环境变化，并为此迅速做好调整和变革的准备。像福特一样，连续生产销售黑色T型轿车近20年的时代早已一去不复返，取而代之的是"微软距离破产只有18个月"的理念。在瞬息万变的环境中，不能不断更新的企业和个人都是无法实现动态

平衡发展的。

　　尽管变革是如此的必要，但是还有很多人对于变革持有抗拒的心理。对于未来环境的变化不明确和无法预测变革结果，是他们不愿意变革的根本原因。这种不确定性会让他们产生恐惧甚至会给他们造成压力。但无论是企业还是个人，如果不通过"改革"注入活力，最终只会走向老化，而后死亡。因此，我们要注意那些已经腐烂变质的运作规则，用"培本固元"的方式有效和彻底地清除一切阻碍我们进步的病毒。

　　上帝命令安格斯乘一条名为"阿吉号"的船去完成一个长途旅行。在行驶的途中，安格斯不断地摆弄置换着船内的部件。当"阿吉号"到达目的地的时候已经变成了一条新船。永不停息地改变，这是积极的人每天在不断做着的事情。他们和时间赛跑，和自己赛跑，他们攀越一个个高峰，并一次次地去征服下一个高峰。

　　这里有一点十分关键：你是被动地、消极地等待改变，还是主动地去追求改变？等待改变不像是等班车，到点儿车就来，机遇要看你的等待状况如何。是不是碰上了机遇，是不是抓住了机遇，是不是失却了机遇，是不是再也没有机遇，这些都是一种现象。实质问题在于你是否时刻在认真地准备着、在刻意地追求着改变。

　　21 世纪是时刻都在改变的时代，也是竞争最激烈的时代，正如网景公司创始人之一的克拉克所说："你必须站在变化的最前沿，否则就将落伍。"所以，每个人都必须具备适应时代潮流和主动创造变化的能力。

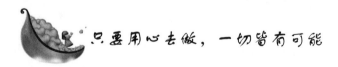

只要用心去做，一切皆有可能

　　这是一个发生在美国通用汽车公司的客户与该公司客服部间的真实故事：

　　有一天，美国通用汽车公司的庞蒂雅克部门收到一封客户抱怨信，上面是这样写的："我们家在每天吃完晚餐后，都会以冰淇淋来当我们的饭后甜点。由于冰淇淋的口味很多，所以我们在饭后才会投票决定要吃哪一种口味，等大家决定后我就会开车去买。但自从最近我买了一部新的庞帝雅克后，就发生了这样一个问题：每当我买的冰淇淋是香草口味时，我从店里出来时车子就发不动。但如果我买的是其他的口味，车子发动时就顺得很。为什么这部庞帝雅克在我买了香草冰淇淋时它就发不动，而不管我什么时候买其他口味的冰淇淋时，它都像一条活龙？"

事实上，庞帝雅克的总经理对这封信还真的心存怀疑，但他还是派了一位工程师去查看究竟。工程师安排的与这位客户见面的时间刚好是在用完晚餐的时间，于是两人一起往冰淇淋店开去。当买好香草冰淇淋回到车上后，车子又发不动了。

这位工程师之后又依约来了三个晚上。第一晚，巧克力冰淇淋，车子没事。第二晚，草莓冰淇淋，车子也没事。第三晚，香草冰淇淋，车子发不动。

工程师开始记下从头到现在所发生的种种详细资料，如时间、车子使用油的种类、车子开出及开回的时间……根据资料显示，他有了一个结论：这位客户买香草冰淇淋所花的时间比其他口味的要少。

因为香草冰淇淋是所有冰淇淋口味中最畅销的口味，店家为了让顾客每次都能很快地取拿，特意将香草口味专门陈列在单独的冰柜里，并将冰柜放置在店的前端；至于其他口味则放置在距离收银台较远的后端。

现在，工程师所要知道的疑问是，为什么这部车在从熄火到重新激活的时间较短时就会发不动？原因很清楚，绝对不是因为香草冰淇淋的关系，工程师很快地由心中浮现出，答案应该是"蒸气锁"。因为当这位仁兄买其他口味时，由于时间较久，引擎有足够的时间散热，重新发动时就没有太大的问题。但是买香草口味时，由于花的时间较短，引擎太热以至于无法让"蒸气锁"有足够的散热时间。

"不可能"中蕴涵着"可能性"，通用汽车公司通过这样一件看似根本不可能发生的小事情，不仅发现了自己汽车设计上的小问题，同时也圆满解答了顾客的疑问，结果可想而知，自然是顾客满意，通用汽车赢得了技术进步和市场荣誉。

如果那位工程师觉得那位顾客神经有毛病，或者认为根本不值得研究这些奇怪的问题，那么，他可能就失去了一个解决问题的机会。

在非洲中部地区干旱的大草原上，有一种体形肥胖臃肿的巨蜂，虽然它的翅膀非常小，却能够连续飞行 250 公里，飞行高度也是一般蜂所不及的。这种强健的蜂被科学家称为非洲蜂，但科学家们对这种蜂却充满了疑问。因为根据生物学的理论，非洲蜂在飞虫中天资最差，甚至连鸡鸭都不如。从流体力学来分析，它们的身体和翅膀的比例根本是不能够起飞的。

科学家们从来没有遇到过这样的挑战，因为所有关于科学的经典理论都不成立。

哲学家们却对此给出了合理的解释：非洲蜂天资低劣，但它们必须生存，而且只有学会长途飞行的本领，才能够在气候恶劣的非洲大草原存活下去。非洲蜂让我们相信，在一个执著、顽强的生命力面前，没有什么叫做"不可能"。

在飞机翱翔于蓝天之前，有谁相信人类能够随意在云海中漫步？在电话诞生之前，有谁相信隔着万水千山你我能够自由交谈？在蒸汽机问世之前，又有谁相信那些复杂笨重的机器能够自行运转？……然而，一代又一代人以不懈的努力，使无数看似不可能的梦想变成了现实。

1868 年的某一天晚上，穷困潦倒的普利策像往常一样来到图书馆看书。

普利策觉得有点累了，于是信步走到图书馆的大厅里想休息一下，这时他看到两个人正在图书馆的大厅里下国际象棋。平时就酷爱下棋的他就走到其中一人的背后观战。

这时其中一个人正举棋不定，对下一步怎么走感到犹豫。这时候，站在身后观看的普利策明显违反了"观棋不语"的戒条，他提醒说："别走那一步！"下棋的两个人都十分惊讶地回头看着这位年轻人。其中一个说："如果您走那一步，您就输定了。"普利策又站

一切都可能改变

在另一个的身后，他沉吟了片刻，拿起棋子走了几步说："先生，如果您这么对付他，还是会赢的。"两个人看看普利策，又看看棋盘，对这位陌生年轻人精湛的棋艺十分赞叹。

这时，其中一个下棋人做了自我介绍："年轻人，你能多待一会么？你知道我俩都是棋迷，所以我很想认识一下你这位棋艺高手，也顺便介绍我的这位好朋友给你，这是艾米尔先生，我叫苏兹。"

天啊，这位竟然是苏兹！他是共和党创始人之一，过去曾帮助过林肯竞选总统，现在是密西西比州的参议员。这两个人共同拥有一家设在圣路易斯的《西方邮报》。他们很投机地聊了起来，他们都意识到普利策是一位不可多得的人才。于是，便把普利策介绍到《西方邮报》做记者。

经过苏兹先生的悉心培养，普利策渐渐成长为报业的骄子。1878 年，普利策买下了圣路易斯的《电讯报》，后与当地《邮报》合并为《圣路易斯快邮报》。1883 年，他又买下《纽约世界报》。到 19 世纪 90 年代初，《世界报》总发行量达 62.5 万份，为全国之冠。一个报业帝国在普利策的苦心经营下逐渐建立起来。

所以说，生命本身就是奇迹，每一个人的身上都蕴藏着无数的奇迹。只要用心去做，一切皆有可能。人生一切皆有可能！只要你去践行，朝着自己的梦想去努力，去奋斗，去争取。那么总有一朵云会飘到你的头顶，为你遮风挡雨；总有一丝彩虹会为你露出它七彩的光芒。

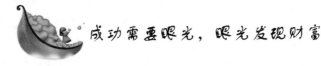

成功需要眼光，眼光发现财富

《庄子》一书中有一则寓言：

宋国的一家人，有一祖传秘方，冬天涂在手上不生冻疮，皮肤不会皲裂。这家人靠这个秘方世世代代漂泊为生。有个人路经这里，听说这家人有此秘方，提出用 100 两金子来买他们的秘方。客人买到手后，就去南方游说吴王。吴越地处海疆，守卫国土主要靠海军。

第四章　想法改变人生，改变迎来机遇

他游说吴王成功，做了吴国的海军司令，替吴国练兵。到了冬天，吴越两国发生了海战，吴国的水兵涂了他的不皲之药，不怕冷，不生冻疮，结果打败了越国，此人因此立了大功，被割地封侯。

同样一件东西，人的聪明才智不同，用法不同，效果就会有天壤之别——差别不在于东西本身，根本的原因在于其用与不用和会用不会用，即一个眼光问题。正如拥有好主意的麦当劳兄弟没能使自己成为巨富；而那个不生冻疮、不皲手的药方，有的人用来封地拜将，而有的人却死守着药方世世代代漂泊为生。

一直觉得这位路人之所以能够成功，是他的眼光决定的。成功需要眼光、需要努力，也需要机遇。努力是一种品质，机遇是一种运气，而眼光则是一种素质。三者之中，眼光是第一位的，因为眼光是一种智慧，没有眼光的努力是没有意义的，况且机遇也是对每一个准备好了的人而言的。

两个青年一起开山，一个把石块砸成石子运到路边，卖给建房的人；一个直接把石块运到码头，卖给杭州的花鸟商人，因为这里的石头总是奇形怪状。3 年后，后者成了村上第一个盖瓦房的人。

后来，村里人开始种果树。他们那儿的梨不仅产量高，而且汁浓肉脆，深受国内外客商的欢迎。那个曾第一个盖瓦房的人，这时却卖掉果树，开始种柳。因为他发现，来这儿的客商不愁挑不到好梨子，却愁买不到盛梨的筐。几年后，他又成了第一个在城里买房，并做起服装生意的人。

上个世纪 90 年代末，日本丰田公司的亚洲区代表山田信一来华考察，当他坐火车路过这个小山村，听到这个故事后，他当即决定下火车寻找这个人。当山田信一找到这个人时，他正在自己的家门口与对面的店主吵架，因为他店里的一套西装标价 800 元的时候，同样的西装对门就标价 750 元；他标价 750 元；对门就标价 700 元。一个月下来，他仅批发出 8 套西装，而对门却批发出 800 套。

当山田信一看到这种情景，非常失望，正准备打道回府时，他却了解到了事实的真相：原来对门那家店也是这个人的。于是，山田信一立即决定以百万年薪聘请他。因为他具有独特的商业眼光。

说到眼光和超前意识，石油大王洛克菲勒的创业史在美国早期富豪中颇具代表性。

洛克菲勒出生在一个贫民窟里，他和很多出生在贫民窟里的孩子一样争强好胜，也喜欢逃学。但与众不同的是，洛克菲勒从小就有一种发现财富的非凡眼光。

他把一辆从街上捡来的玩具车修好，让同学们玩，然后向每人收取 0.5 美分。在一个星期之内，他竟然赚回了一辆新的玩具车。洛克菲勒的老师深感惋惜地对他说："如果你出生在富人的家庭中，你会成为一个出色的商人。但是，这对你来说已是不可能的了，你能成为街头商贩就不错了。"

洛克菲勒中学毕业后，正如他的老师所说，他真的成了一名小商贩。他卖过电池、小五金、柠檬水，每一样都经营得得心应手。与贫民窟的同龄人相比，他已经可以算得上是出人头地了。但老师的预言也不全对，洛克菲勒靠一批丝绸起家，从小商贩一跃而成为商人。

那批丝绸来自日本，数量足有 1 吨之多，因为在轮船运输当中遭遇风暴，这批丝绸被染料浸染了。如何处理这些被浸染的丝绸，成了日本人非常头痛的事情。他们想卖掉，却无人问津；想运出港口扔了，又怕被环境部门处罚。于是，日本人打算在回程的路上把丝绸抛到大海里。洛克菲勒来到轮船上，用手指着停在港口的一辆卡车对船长说："我可以帮你们把这些没用的丝绸处理掉。"结果，他没花任何代价便拥有了这些被染料浸过的丝绸。然后，他用这些丝绸制成迷彩服装、迷彩领带和迷彩帽子。几乎在一夜之间，他拥有了 10 万美元的财富。

有一天，洛克菲勒在郊外看上了一块地。他找到地皮的主人，说他愿意花 10 万美元买下来。地皮的主人拿到 10 万美元后，心里还在嘲笑他："这样偏僻的地段，只有傻子才会出这么高的价钱。"

令人料想不到的是，一年后，市政府宣布在郊外建环城公路，洛克菲勒的地皮升值了 150 倍。城里的一位富豪找到他，愿意出 2000 万美元购买他的地皮，富豪想在这里建造别墅群。但是，洛克菲勒没有卖出他的地皮，他笑着告诉富豪："我还想等等，因为我觉得这块地应该增值得更多。"果然不出洛克菲勒所料，3 年后，那块

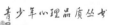
地卖了 2500 万美元。

洛克菲勒的同行们很想知道当初他是如何获得那些信息的，他们甚至怀疑他和市政府的官员有来往。但结果很令人失望，洛克菲勒没有一位在市政府任职的朋友。

一些人想创业，但是最终没有成功，他们常常挂在嘴边的三个理由是：缺乏资金、没有路子、从未干过。而盛大公司的总裁陈天桥认为：眼光、毅力是比资金、路子、经历更重要的创业资本。一个人要想成功，眼光是最重要的。

陈天桥毕业于上海复旦大学经济系。毕业不久，他便在上海陆家嘴集团历任该集团下属公司的副总经理、集团公司董事长秘书等职务。1999 年，他创办上海盛大网络发展有限公司，并担任执行董事兼总经理职务。2004 年 1 月，他出任盛大网络发展有限公司董事长。2004 年，他 31 岁时，身价已达 88 亿美元。

陈天桥的成功很大部分都要归结为他的眼光。如果没有眼光，大学毕业的陈天桥就不会选择国企。1997 年，作为当时炙手可热的复旦大学经济系高材生，他没有和其他的好学生一样，走进人人艳羡的外企。虽然无人知道他当时的真实想法，但是他后来在陆家嘴集团的一路高升，却说明了这样一个事实：人才集中的地方，人才浪费也必然多——同样的努力，同样的禀赋，你在求贤若渴的国企必然会比在人才扎堆的外企有更多的机会。陈天桥身上有一种与年龄不相符的成熟和稳重，除了少年老成的天性，想必在大型国企担任要职的经历，也教给了他不少为人做事的分寸尺度。

如果没有眼光，陈天桥就不会投注网络游戏。

1999 年，从国企跳槽出来之后，陈天桥进了证券公司。在这段时间里，他接触到互联网，并决定把自己打游戏的爱好和互联网连在一起，创立一个社区游戏网站。网站用户注册的火爆程度超过了所有旁观者的估计，但是陈天桥在高兴之余，却并没有喜出望外。对他而言，这个网站的成功是理所当然的，因为他的把握如此之大，以至于他后来对记者说，创业之初他就认定自己绝不可能失败，因为他了解游戏，了解玩家，也了解投资市场。在成功获得中华网 300 万美元的投资之后，陈天桥知道这种顺势而上的成功无法再来一次：

此时，IT泡沫破灭，大多数互联网站风光不再。他决定改变公司的盈利方式，不再通过单个网站赚钱，不再靠简单的休闲游戏赚钱，而是通过遍布全国的网吧，代理和推广流行日韩的"多人角色扮演"游戏赚钱——他拿到韩国某公司的《传奇》代理权，并联合中国电信和成千上万的网吧向玩家兜售。结果，这款《传奇》启动了陈天桥自己的财富传奇。

我们身边并不缺少财富，而是缺少发现财富的眼光。

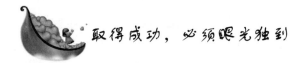

取得成功，必须眼光独到

一个成熟的社会，会给人们带来很多竞争的机会，但无论是哪一个人想在竞争中取得成功，都必须要有独到的眼光。独到的眼光，是一个企业家必备的能力。它会为整个企业指明前进的方向，从而创造人生的辉煌。香港著名的企业家霍英东就是靠独到的远见而发展成功的。

霍英东是广东番禺人。1953年创办霍兴业堂置业有限公司及有荣有限公司，任董事长。他先后担任香港地产建设商会会长，香港中华总商会会长、永远名誉会长等。在港台的亿万富翁中，霍英东的知名度可以说是最高的。这不仅是因为他个人资产大约有130亿港元，更因为他连续几届担任全国政协、人大常委会常委，1993年又当选为全国政协副主席。

霍英东也许要算亿万富翁中最苦的一个！但是早年的艰辛和挫折，并没有打垮霍英东。他在不断的失败中，吸取教训，积蓄力量，等待时机，他坚信自己总有崛起的一天！第二次世界大战结束后，霍英东以敏锐的眼光，捕捉到了一个发财的机会。日本侵略军投降后，留下了许多机器设备，价钱很便宜，但稍加修理就可以用，且可以卖个不低的价格。霍英东很想做这种生意，于是他成了个读报迷，专门注意报纸上拍卖日军剩余物资的消息，并及时赶到现场，只要挑选出那些有价值的拍卖品，就大批买进，修好后迅速卖出。

但由于缺少资金，他难以放手大干。

有一次，他看准了一批机器，并在竞买中以 1.8 万港元成交。他兴高采烈地回家请母亲凑钱交款，可是由于他经常冒险，母亲在生意上从来不信任他，也不肯给他钱去冒险。霍英东眼睁睁地看着一笔大买卖就要落空，正在着急，不料有一个工厂老板也看中了这批货，愿意出 4 万港元从他手中买下，霍英东净赚了 2.2 万港元，这是他在那几年中赚到的最大一笔钱了。虽然利润不算太大，但经过几次倒卖，霍英东积累了最初的资本。

朝鲜战争结束后，霍英东就预料到，香港人多地少，居住的环境特别恶劣。但是随着香港航运事业的繁荣，必然会带来金融贸易的发展，而这又将促进商业及住宅楼的开发。于是，他抢先把经营重点转向了房地产开发。一开始，他也和别人一样，自己花钱买旧楼，拆了旧楼建新楼，逐层出售。这样当然可以稳妥地赚钱，可是由于资金短缺，发展就比较慢。他苦苦地思索改革房地产经营的方法，却没有结果。

有一天，有个邻居到工地上找他，说是要买楼。霍英东抱歉地告诉他，盖好的楼房已经卖完了。邻居指着工地上正在盖的楼说："就这一幢，你卖一套给我好不好？"霍英东灵机一动，说："你能不能先付定金？"那人笑着说："行，我先付定金，盖好后，你把我指定的楼层给我，我就把钱交齐。"生意就这样成交了。这个偶然的事件，让霍英东得到了启发。他立刻想到，他完全可以采用房产预售的方法，利用购房者的定金来盖新房！这个办法不但能为他筹集资金，更重要的是还能大大推动销售。

霍英东这种大胆的创举扩大了购买范围，用他自己的话说就是："今天连一个佣人都可以拥有一层楼了，只要她先付一小笔定金。"因此他的房地产生意越做越活，资金运转快，效益日增。短短 10 年里，霍英东先生就成为了国际知名的香港房地产业巨头。

霍英东的远见和这个伟大的创举，首先改善了香港居民的生活居住环境，对当时的香港人来说是一个大跃进了，同时，这项举措也改变了他的一生。说他创造了新的方式革命一点也不为过，虽然他的这个创举有些偶然的因素，但确有其不同寻常的独到之处，这

也是他成功的秘诀。

独到的眼光在销售领域里是非常重要的。

在四川省某地，一进入秋天便常常有农民报修洗衣机。技术人员在维修时发现，大多数故障是因为农民的使用不当引起的。原来当地农民多种植地瓜（甘薯），许多农民为了图方便，就用洗衣机洗地瓜，于是经常会造成洗衣机排水口的堵塞。

针对这一情况，海尔服务部认为，应该加大力度宣传，告诉农民不要用洗衣机洗地瓜，否则会造成排水孔的堵塞，增加洗衣机的故障率，给维修带来很大的难度。如若消费者因使用不当而导致洗衣机损坏，维修时就应该收维修费。然而针对这件事，海尔首席执行官张瑞敏却有不同的看法，他认为：既然消费者用洗衣机来洗地瓜，就说明这种需求存在，海尔的技术人员应该想办法从技术上进行突破，看看有没有可能研发出一种既能洗衣服，又能洗地瓜的洗衣机。

于是，海尔对洗衣机进行了部分改造，扩大水流输出部分，以便能够承载洗地瓜的要求。随即，海尔在当地推出了"地瓜"洗衣机。结果一投放市场就大受当地农民的欢迎。面对同一件事，两种不同的思维出现了两种不同的结果，这恰好反映了一个问题：企业的市场营销观念究竟是以自己的产品为中心还是以消费者的需求为中心。海尔适应农民洗地瓜需求的市场营销策略，使他们赢得了更多的消费者和市场，也赢得了更多利润。没有人能够创造需求，但至少我们可以发现和挖掘（唤醒）消费者的潜在需求。这就需要企业的老板具有独到的眼光。

研究同行和竞争者的好处在于，通过对行业和竞争者的了解，企业能够更加清楚自己所处的位置、产品和服务的优势与劣势，消费者的锁定和市场的细分状况等等。因此，作为企业的决策者，一定要在了解了竞争者与同行的信息和情况之后才能够做出正确的决策。

我们可以用伊莱克斯成功的案例来论证这个观点。

1996 年，世界 500 强之一的伊莱克斯进入中国市场，建立了第一个合资厂——长沙中意冰箱厂。然而，由于其缺乏对中国市场的

第四章　想法改变人生，改变迎来机遇

109

冰箱行业和竞争者的了解，一年以后，合资厂亏损达175亿元，这种情况促使伊莱克斯不得不在中国市场的去留上做出痛苦的选择。伊莱克斯进入中国市场的时候，经过十几年的发展，中国家电产业已经成为中国最成熟的产业。以海尔集团、四川长虹、广东科龙等为代表的民族家电企业在市场上如日中天。而外资品牌正处于前所未有的低潮期，惠尔普因为多年亏损而撤出中国市场，松下冰箱已经做了6年，但是年销量始终没有超过2万台。在这时，伊莱克斯的冰箱盲目投放市场，结果可想而知。痛定思痛，伊莱克斯经过对冰箱行业和竞争者全面的了解，决定调整在中国的策略，开始推行本土化战略，放下了世界老大的架子，打出了"向海尔学习"的口号。经过一系列的调整，伊莱克斯终于牢牢地巩固了在中国市场的位置，到2001年，伊莱克斯冰箱已经紧紧跟在海尔之后，成为冰箱领域的第二品牌。

第五章　打破常规思维，勇于改变一切

　　思维定式对问题解决既有积极的一面，也有消极的一面，它容易使我们产生思想上的惰性，养成一种呆板、机械、千篇一律的解题习惯。当新旧问题形似质异时，思维的定式往往会使解题者步入误区。

 打破常规思维，在尝试中提升自己

"思维定式"是由先前的活动而造成的一种对活动的特殊的心理准备状态，或活动的倾向性。在环境不变的条件下，定式使人能够应用已掌握的方法迅速解决问题。而在情境发生变化时，它则会妨碍人采用新的方法。消极的思维定式是束缚创造胜思维的枷锁。

思维定式对问题解决既有积极的一面，也有消极的一面，它容易使我们产生思想上的惰性，养成一种呆板、机械、千篇一律的解题习惯。当新旧问题形似质异时，思维的定式往往会使解题者步入误区。

大量事例表明，思维定式确实对问题解决具有较大的负面影响。当一个问题的条件发生质的变化时，思维定式会使解题者墨守成规，难以涌出新思维，作出新决策，造成知识和经验的负迁移。

生活似乎给了人们一种固定的生存模式，安逸与稳定是很多人喜欢的生活。而那些努力打破思维的桎梏，有着自己独特的见解和洞察力，不愿按照普通人的思维方式去思考人生的人，却成为非凡的成功者。他们认为要实现自己的梦想就要挣脱思想的枷锁，突破自己的思维，不要被"常规"、"常理"轻易糊弄。

突破自己的思维是很艰难的。成年人的思想总是被无形地设置在一种相对固定的思维模式中，再来突破就更难。打破自己常规的思维模式是全面突破自己的第一步，没有打破自己固有模式的思想，就永远被束缚在一个狭小的空间里。

社会的发展需要我们选择"尝试"，必须敢去尝试。虽然有些事我们从未做过，也不知道自己能否做到，但一味恐惧，永远只能在人生路上徘徊。只要打破思维的枷锁，充满自信，敢于尝试，就能在尝试中不断提升自己，发现自己潜在的独特能力。

19世纪中叶，美国加利福尼亚州一带出现寻金热，17岁的农夫亚默尔也准备去碰碰运气。他家里很穷，买不起船票，只好跟着大

一切都可能改变

篷车风餐露宿奔向加州。不久，亚默尔发了大财，一下子变成了大富翁，可是他不是挖金子，而是卖凉水。

原来，金矿那里气候干燥，水源奇缺，找金子的人最痛苦的就是没有水喝。因此，许多人一边寻金矿，一边抱怨："要是有一壶凉水，我情愿给他一块金子。"这些人的抱怨，给了亚默尔一个非常有用的信息。他想，如果我卖水给找金子的人喝，也许比找金子赚钱更快。于是他挖渠引水，经过过滤，之后将清凉可口的饮用水卖给找金子的人们。在短短的时间内，他不仅解决了寻金者的饮水问题，而且自己也赚了一笔不小数目的钱，成了富翁。

惯性常常是人们致命的弱点，人要突破自己就要打破自己的惯性，不要把习以为常的东西看成是固定和永远不变的。成功的可贵之处在于创造性的思维。一个成大事的人只有通过有所创造，才能体会到人生的真正价值和真正幸福。

创造性思维的结果不能保证每次都能取得成功，有时可能毫无成效，有时可能得出错误的结论，这就是它的风险。但是，无论它取得什么样的结果，都具有重要的认识论和方法论的意义。因为即使是不成功的结果，也向人们提供了以后少走弯路的教训。常规性思维虽然看来"稳妥"，但是它的根本缺陷是不能为人们提供新的启示。

创新是一种态度，这种态度会让你拥有无数的梦想，让你的生活变得与众不同，从而把一切变得更美妙、更有效、更方便。

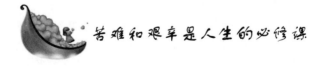

苦难和艰辛是人生的必修课

"蜕皮效应"来源于节肢动物和爬行动物生长期间旧表皮脱落的现象。由于它们每蜕一次皮就能够长大一些，所以被用来形容成长也是一个痛苦相随的过程。

蜕皮效应在生活中有着广泛的应用，它告诉我们成功的道路上充满了苦难和艰辛。也正因为这些苦难，才使我们的脚步更加坚毅。

113

如果我们能把每一次经历的苦难看成是一次锻炼的机会，看成是人生的必修课，你就能更轻松地成功。

帕格尼尼 4 岁时得了一场麻疹和昏厥症；7 岁时患上严重肺炎；46 岁牙床突然长满脓疮，只能拔掉几乎所有的牙齿；50 岁后，关节炎、肠道炎、喉结核等多种疾病吞噬着他的机体，后来声带也坏了；57 岁，他口吐鲜血死亡。死后尸体也不得安宁，先后被搬迁 8 次。

是的，他的一生遭受了太多的风雨，但这些并没有打倒他，而是更坚定了他成功的信念。他不断向着人生的风雨挑战，不断超越自我，最终成了著名的音乐家。

"天将降大任于斯人也，必先苦其心志，劳其筋骨，饿其体肤，空乏其身，行拂乱其所为，所以动心忍性，增益其所不能。"要想取得成功，必须经历苦难。如果我们不只把苦难当作苦难，还把它当成学习的机会，那么，我们就能在人生的风雨中，走得更为从容。

所有的生命都要经受命运的考验，就像每个人都要经历生老病死一样。我们无法逃避命运的考验，但我们可以选择以达观而勇敢的心态面对。只有经受住了风霜雪雨的考验，才能收获秋天的累累硕果。

在一条河岸边的寺庙里，有一堆杂乱摆放的泥人。有一天，一位神仙路过这里，对它们说："我给你们一个考验，如果你们当中有一个敢走到河的对岸，我就会赐给这个泥人一颗永不消逝的金子般的心，它就可以成为神仙。你们当中有谁愿意接受这样的考验吗？"

这道旨意下达之后，泥人们久久没有回应。最后终于有一个泥人站了起来，有点羞怯地说："我想过河。"

话音刚落，其他的泥人就七嘴八舌地议论起来："泥人怎么可能过河呢？你是不想活了吧！""泥人最怕的就是水，你要从水上走过，不是最后就什么都没有了吗？""身子都被融化掉了，你还要金子般的心做什么呢……"

这个小泥人说："我不想做一辈子的泥人，我想尝试一下。我知道你们是为我好，但是，我还是想拥有一颗金子般的心。"

说罢，小泥人告别了同伴，来到了河边。它的双脚刚刚踏进水中，就感觉到一阵撕心裂肺的痛楚。它感到自己的脚在飞快地融化着，每一分每一秒都在远离自己的身体。此刻，它真想回到寺庙里。但是，它知道，如果回去，自己也是一个残缺的泥人，与其那样，还不如继续往前走。想到这里，它横下一条心向着对岸走去。

"快回去吧，不然你就被毁灭了！"河水看着泥人不忍心地说。

但是，泥人摇了摇头，仍然坚定地朝前走去。小泥人向对岸望去，看见了美丽的鲜花和碧绿的草地，还有轻盈飞翔的小鸟。此刻，它感觉自己忽然有了力量，仿佛疼痛不再那么剧烈了。

疼痛让小泥人流下了泪水，冲掉了它脸上的一块皮肤。小泥人赶紧仰起头，把泪水忍了回去。小泥人的双脚此刻已经融化了大半，但是，它已经没有了后退的路。水下松软的泥土让它每走一步都非常吃力。有无数次，它几乎被汹涌的河水吞噬掉。小泥人真想躺下来休息一会儿，可是，它一旦躺下，就会永远安眠，甚至连痛苦的机会都会失去。它只能忍受着痛苦，坚持游到河的对岸，那个开满鲜花的地方。

时间过了很久，就在小泥人感觉自己快坚持不下去的时候，它忽然发现，自己居然走到了河的对岸。泥人欣喜若狂，它仔细地打量一下自己，发现自己已经什么都没有了——除了一颗金灿灿的心。它正在迟疑着思考一颗心怎么生存的时候，突然发现自己的身上慢慢长出皮肤。原来，它已经变成了神仙。

它什么都明白了，在这世间上，任何生命都要经受命运的考验。花草的种子先要穿越沉重黑暗的泥土才得以在阳光下发芽，小鸟要跌折了无数根羽毛才能够锤炼出凌空的翅膀，河流要经过百转千折才能流进宽阔的大海。而作为一个小小的泥人，它只有以一种奇迹般的勇气接受命运的考验，才能收获一颗金子般的心。

生活的苦难是人生所必需的经历，我们无须为经历的苦难、痛苦而迷惘，而是应该总结苦难，穿越痛苦，去发现生活中阳光的一面。这样，我们才能以平常心体味生活的苦难，并从中找到经验教训，重整旗鼓，创造人生的美好前景。

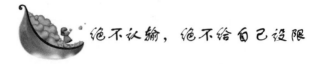绝不认输，绝不给自己设限

美国心理学家塞利格曼在一组实验中提出"习得性无助"的现象，并指出只要自己不跪着，没有人会比你高。后来人们将此说法归纳为心理学效应，总结的内容为：很多人遭遇失败或挫折后，都会产生绝望、抑郁、意志消沉的情绪，这必将使得人们错失成功的机会。当遭遇挫折与失败之时，若人们能够对绝望说"不"，心中始终存有坚定的希望，那么这样的人就永远不会输。

综观那些有所作为的人，你会发现塞利格曼效应对个人成功起着至关重要的作用。1975 年，美国宾夕法尼亚州著名心理学教授塞利格曼曾以狗为对象，做过如下实验。

塞利格曼把狗分成两组，一组为实验组，一组为对照组。

他首先把一条狗放进一个装有各种电机设备的全封闭笼子里，然后不停地给狗施加电击。虽然该强度不会使狗死亡或受伤，但足以引起狗痛苦。狗开始被电击时，为了逃脱这个笼子拼命地挣扎，但经过几次挣扎之后，由于无法逃脱困境，挣扎的次数越来越少。

随后，他把这只曾经受过电击的狗，放进一个用隔板隔开的笼子里，隔板的一边是没有电击的，另一边是有电击的，隔板的高度正好是狗可以跳过去的高度。结果发现，这只狗只是在开始的半分钟内有惊恐的举动，此后就一直卧倒在地忍受着电击的痛苦。当实验人员把没有经过电击的狗直接放进那个有隔板的笼子，却惊奇地发现它能轻而易举地逃脱到没有电击的一边。

狗的这种绝望心理状态在心理学上被称为"习得性无助"，它告诉人们，世上没有做不好的事情，只有态度不够积极的人。每个人在生活中都会遭遇不同的失败或者挫折，这是很正常的事情，所以，不要对挫折产生习惯性无助心理，要有永不放弃、坚持到底的心态，即用积极的心态为自己创造有意义的生活。

我们很多人也是如此，在你年轻气盛的时候，你总认为自己无

所不能，很快你就在现实的社会里吃尽了苦头，责备、打击接踵而来。你不信邪，还是鼓起勇气继续奋斗，但迎接你的却是批评和挫折。久而久之，你对失败由惶惑不安变成了习以为常，丧失了信心和勇气。于是你觉得自己这辈子也就只能如此了，偶尔感到失落时，就会安慰自己一句："命里三升，难得一斗啊。"就像那只小狗一样，我们被自己限制住了，只懂得自怨自艾，殊不知只要打破那虚假的极限，就可以拥有一片广阔的空间！

老赵是镇上一家小医院的大夫，他为人本分，医术精湛，很受患者的好评。这家医院原来收入还可以，但由于现在人们生活水平提高，有病了大家都喜欢去市里的大医院，所以镇医院的病人就越来越少。由于是自负盈亏，医生们已经两个月没发工资了。在卫生局的提议下，医院举行了换届选举。这个烂摊子谁愿意收拾呀！于是老实巴交的老赵被选为院长。老赵心里很矛盾，他是很喜欢管理工作的，可又担心做不好还要担责任，自己也不是当官的料啊！他永远都记得上高中的时候因为没有组织好春游，被老师撤了班长职务的事。连一个班长都干不好，怎么能管好一个医院呢？他决定去卫生局表态，请求换人，但妻子阻止了他："你还没干怎么就知道干不好？平常你看到医院有什么不合理的地方就总回家唠叨，现在该你管了，怎么又不行了。我看你就是只会说人！"老赵被激怒了，决定做出点成绩给妻子看看！走马上任后，老赵这个新官烧了三把"火"。第一，所有医务人员必须对病人态度亲切，有被病人投诉者扣当月奖金；第二，组织医务人员轮班进修；第三，新添一批先进医疗设备。别看老赵平时不说话，办起事来却雷厉风行。3个月后，医院情况明显好转，来就诊的病人越来越多了。大家都说："真想不到，老赵还有这样的本事！"老赵自己也觉得不可思议，他现在的日子可比以前舒心多了！

现实生活中也有很多这样的"老赵"，他们明明很有能力，但却因为受到了一些挫折，就对自己的能力产生了怀疑，奋发向上的热情和欲望被"自我设限"所封杀，从此就画地为牢，将自己限制在一个小圈子里。老赵还算是幸运的，他碰到一个机缘让自己重新认识自己，突破了自我设限。可是事实上大多数中年人都还被困在

117

"圈子"里，尽管心有不甘，却从未想过要向外迈一大步。这是一件多么可悲的一件事！

不要再把"我不行""我不是这块料"之类的话当作口头禅，这只会使你意志消沉。每个人都有着巨大的潜能，很多事并不是你做不到，而是你不敢做。别再处处自我设限，否则你的人生只会是一团糟。

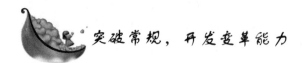

突破常规，开发变革能力

19世纪80年代的美国还不是一个工业化的国家，当时只有38个州，人口5600万。65%的人口生活在农村。随着经济的发展，农民的购买力逐渐提升起来。

1886年，年仅23岁的理查德·西尔斯成立了自己的理查德·西尔斯钟表公司。西尔斯在经营钟表的过程中逐渐发现了城乡消费观念的差异，一些看似在城市并不时髦的东西在农民那里却有别的用处。于是他就开始四处打听那些在城市积压的商品，并展开了大规模的收购。

西尔斯决定把农民当作自己的主要经营对象，但随之新的问题也产生了，那就是当时美国农村落后，交通十分不发达，那么，怎样才能让农民知道西尔斯钟表的优势呢？

他对如何解决这个问题一直愁眉不展，一天他正在家中沉思的时候，窗外传来的火车的嘶鸣声突然触发了他的灵感，他想：常言说，火车一响，黄金万两。我是不是能够充分利用铁路的优势呢？现在贯穿东西的铁路不是开通了吗？对呀，我完全可以通过火车邮购的方式来展开自己的业务嘛！他一拍大腿，不禁为自己能想到这个主意而得意万分。

理查德·西尔斯不愧是新邮购公司的领军人物。他不仅十分了解农民的需求，还撰写广告文案，以此来吸引农民们的货款和订单。虽然早期的邮购目录只有钟表和珠宝，但是到1895年时，西尔斯公司的邮购商品目录已经多达 532 页了，并且种类十分丰富，包括鞋子、女装、女帽、渔具、童车、自行车、婴儿车和玻璃器皿等。在西尔斯的领导下，1893 年公司销售额为 40 万美元，两年以后就超过了 75 万美元。

西尔斯公司在转手给芝加哥从事服装制造的朱利叶·罗森沃德后，1910 年营业额为 110 万美元，1920 年竟然高达 2.45 亿美元，从而进入了邮购事业的兴盛期。

1921 年，由于经济危机的影响，西尔斯公司的营业额下降到 1.6 亿美元。副总裁伍德提出构想，由邮购销售改为店铺现场出售，从而奠定了西尔斯扩张的基础。在西尔斯，他被尊为西尔斯零售扩张之父。

他开设店铺的设想主要基于如下的考虑：

1. 全国诸多连锁店的成立冲击着西尔斯的邮购业务。

2. 随着一战以后美国经济的发展，越来越多的农民有了代步的工具——汽车，他们不再满足邮购的商品了。

3. 农民已经不再是消费的主力。1900 年农民人口还超过城市人口，但到了 1920 年则是城市人口超过了农村，越来越多的农民进入了城市。

1925 年，伍德在邮购工厂内尝试开设了一家店铺，获得了成功。到年终，他开设了 7 家零售店铺，其中 4 家在邮购工厂周围。到 1927 年，已经达到 27 家，1928 年扩张到 192 家，1929 年达 319 家，1933 年达 400 家。在 20 年代后期的 12 个月内，几乎每隔一个工作日就开张一家新店。有时在同一个城市一天同时开张两家，在他们刚开张的 12 小时内，有超过 12 万顾客光临。正如一位专业人士说的那样："不停地签订房租协议、不停地准备新店开张、不停地进行招聘。"

经过几代人的努力，西尔斯百货逐渐走向了辉煌！

百年西尔斯的发展历史告诉我们，突破常规对于企业经营是多么重要！

大部分改革的努力会付诸东流。这是一个事实。它们成本太高，风险太大，速度太慢了，即使领导者对变革的必要性有切身体会，并通过精心准备的交流和会议将这一需要传达给所有员工，甚至推出质量改进，流程重组，组织重构，或其他常用的周到详尽的系列计划，但过去的组织及其文化却依然阻挠着组织的进步。

问题是时不等人。1991年1月，在破产前几个月，泛美企业还曾进行过全企业范围的变革努力。1989年10月，绝望的前东德领导人也曾给予过民众越来越多的自由以安抚他们，但已是杯水车薪，覆水难收。

众所周知，计划良好的变革也可能很难实行。一方面，现存的基础设施（包括体系、技术、设备及组织结构）是数十年巨额投资构建而成的，通常这种设计难以支持新的工作方式，因此需要更换，这往往又需要耗费大量的资金和时间来完成。另一方面，加上领导者不可能直接变革组织文化，组织文化是历经数年形成的行为现象，它由个人、组织、方式、奖励等因素构成。因此，变革从本质上说让所有人都忐忑不安，即使那些受益者也不例外。

20世纪80年代末，英国石油公司的全球改革计划不但没能改变组织文化，解决财政收入下降的问题，最后连公司首席执行官也不得不下了台。

英国石油公司后来有了一次非常成功的变革。

英国石油公司新的公司首席执行官约翰·布朗从石油勘探出发，努力使经理们研究极具挑战性的目标，为他们处理问题实行巨大的变革。真正表现出色的，就对他们的成功大加奖赏，为他们提供活动空间，给予大力支持。在这一过程中，短短几年间，一种新的"业绩文化"便产生了，并由此创造了巨大的经济价值。这次变革成功的关键是追本溯源，对症下药，而非流于形式。

一个竭诚变革的突出例子是西门子里氏多夫信息系统企业。

这家企业的个人电脑业务自1991年以来每年亏损上亿美元。而格哈特·舒尔迈耶接管后一年就让企业赢利，这是兼并企业史无前例的现象了。他坦诚地将这一转变归结于创造了5000名"变革人员"——几乎占员工总数的15%——他们都来自前程远大的中层经理位置，都自愿担当此任并接受培训，许多人同时照常进行正常工作。舒尔迈耶说："令人惊奇的是，这使我们企业创造了一个团体，

一切都可能改变

它是一个致力于变革的团体……他们将所学的东西融会贯通，竭诚变革，并随时准备在带领其同事追求变革计划过程中承担风险。"

开发变革能力并非易事，也远远不够。我们面对的是一个瞬息万变的世界，充分认识自己并借鉴当今世界上如摩托罗拉、西门子、松下等成功企业的模式，会使我们在前进的道路上少走许多弯路。

变革能力的相对重要性虽然起伏不定，但可以确信，其他因素随时会出现。也许一个组织面临的最大挑战是领导者能否衡量其成功，看他们是否具有某种能力去不断认识并开发那些瞬息万变、但尚不明确的能力。

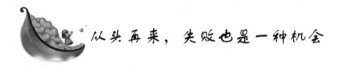 从头再来，失败也是一种机会

美国考皮尔公司前总裁比仑提出：失败也是一种机会，若是你在一年中不曾有过失败的记载，说明你未曾勇于尝试各种应该把握的机会。

失败是人生必经的坎坷。在人的一生中，总有许多风雨相随，总要走许多荆棘之路。但这并不可怕，关键是我们要有从头再来的勇气，正视失败的降临，直面不平的人生之途，走向成功的彼岸。

一位泰国企业家玩腻了股票，他转而炒房地产。他把自己所有的积蓄和从银行贷到的大笔资金投了进去，在曼谷市郊盖了 15 幢配有高尔夫球场的豪华别墅。但时运不济，他的别墅刚刚盖好，亚洲金融风暴出现了。他的别墅卖不出去，贷款还不起，这位企业家只能眼睁睁地看着别墅被银行没收，连自己住的房子也被拿去抵押，还欠了一笔债务。

这位企业家的情绪一时低落到了极点，他怎么也没想到对做生意一向轻车熟路的自己会陷入这种困境。

他决定重新白手起家。他的太太是做三明治的能手，她建议丈夫去街上叫卖三明治。企业家经过一番思索答应了。从此曼谷的街头就多了一个头戴小白帽、胸前挂着售货箱的小贩。

昔日亿万富翁沿街卖三明治的消息不胫而走，买三明治的人骤然增多，有的顾客出于好奇，有的出于同情。许多人吃了这位企业家的三明治后，为这种三明治的独特口味所吸引，经常买企业家的三明治，回头客不断增多。现在这位泰国企业家的三明治生意越做越大，他慢慢地走出了人生的低谷。

他叫施利华，几年来，他以自己不屈的奋斗精神赢得了人们的尊重。在 1998 年泰国《民族报》评选的"泰国十大杰出企业家"中，他名列榜首。作为一个创造过非凡业绩的企业家，施利华曾经备受人们关注。在他事业的鼎盛期，不要说自己亲自上街叫卖，寻常人想见一见他，恐怕也得反复预约。上街卖三明治不是一件怎样惊天动地的大事，但对于习惯了发号施令的施利华，无疑需要极大的勇气。

作为一个创造过非凡业绩的企业家，施利华曾经备受人们关注。然而，在他遭受到失败的时候，也未曾放弃过，而是将其当作人生必须经历的考验，从而穿过黑夜，重新迎来了阳光般的辉煌。

在生活中，每个人都会遇到这样或那样的失败和痛苦，当你失败时，不要将时间浪费在抱怨中，而是考虑如何站起来，如何开始下一次的崛起。

所以，最重要的是不能把眼光滞留在挫折的痛苦之上，否则就很难再有多余的心思来考虑自己下一步的对策。比如，在战场上，当你的左手负伤时，如果因为疼痛将注意力都集中在左手上，就会忘记调动右手的技能，那么右手也自然难保，甚至连性命都有可能岌岌可危！面对敌人就是这样，在对手无比强劲的攻击下，你必须冷静面对受伤的感觉，然后考虑下一步的对策，否则就会败得更惨。其实人生又何尝不是这样呢？

所以，当我们失败后，不要麻木，不要抱怨，将自己置于冷静的分析之中，总结曾经的错误经验。失败不会成为自己人生的一种障碍，相反，失败是一种提高，一种腾飞的前奏。生活中正因为有了失败，才有了继续高飞的魄力。这个世界上有太多因为失败而成就另一个大人物的故事。其实，很多事情都是在一念之间，失败后的一念决定，会改变一个人的一生。

失败未必是一件坏事，不过是让你多了一份阅历，多了一笔财富。那么，就把人生的一次失败当作一次课程来上吧，这无疑是个学习的好机会。所以，失败了，不要害怕，站起来，向着更辽阔无垠的天空飞翔！

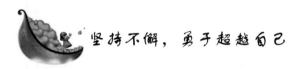

坚持不懈，勇于超越自己

生物学家把一只跳蚤放入玻璃杯中，跳蚤轻而易举地就跳出来了。再把这只跳蚤放进加盖的玻璃杯中，结果它一次次跳起，继而一次次被撞。后来，这只跳蚤逐渐变"聪明"了，它开始根据盖子的高度来调整自己所跳的高度。这样一周之后取下盖子，跳蚤却再也跳不出来了。

跳蚤调节了自己跳的目标高度，而且适应了它，不再改变。在现实生活中，很多人都被"跳蚤效应"影响着，他们不敢去追求梦想，不是追不到，而是因为心里就默认了一个"高度"。这个"高度"常常使他们受限，看不到未来确切的努力方向。所以，"跳蚤效应"给我们的启示就是，在人生的道路上，我们要勇于超越自己。

俄罗斯名将伊辛巴耶娃在女子撑竿跳项目上，以 4 米 85 的成绩早早地为自己确定了北京奥运会上撑竿跳的金牌地位，但她并没有因此终止比赛，她接下来试跳了 4 米 95 的高度。当她一跃而起的时候，她打破了自己原本保持的 4 米 91 的奥运会纪录。

就在人们以为她停止比赛的时候，她同样没有停止，她开始冲击自己在 2008 年 7 月 29 日刚刚创下的 5 米 04 的世界纪录。在全场的加油声中，她的前两次起跳均以失败告终。即使是这样，她也没有放弃最后一跳，她按自己独特的方式，拿起被子蒙住头，调整自己的心态，然后再一次站在了助跑线上。在全场观众有节奏的掌声中，她开始助跑，并一跃而过，最终创下了 5 米 05 的奥运会新纪录。

北京奥运会结束了，但伊辛巴耶娃的撑竿跳并没有结束，她继

第五章 打破常规思维，勇于改变一切

续以每次提高 1 厘米的成绩不断地刷新自己的世界纪录。这个不断刷新从 2003 年 7 月她第一次破世界纪录便开始，直到现今，她仍然不断地超越自己，挑战自己，刷新自己主宰的世界纪录。

有人说："在你的人生旅途上，也许会有那么一个时刻，让你感到心满意足，让你收获了别人所不能企及的成功；也会有那样一个时刻，让你不知所措，无所适从且四顾茫然，不管在哪一个时刻，只要你不断地挑战现实，不断地超越自己，成功距离你便不远了。"

在现实的道路上，人们常常会满足于自己的"安逸区"，取得了一点成功便会忘乎所以的姿态，获得一次的胜利便展现出满足于现状的心态，取得了一次难以逾越的事业高度便止步不前，而正是这些心态使得自己又渐渐地恢复到了平淡和平庸。

每个人，无论是在实际生活中，还是内心深处，在取得一定的成绩后，都会有一种自我满足感，而这也是停滞不前的原因之一，所以，人们要敢于否定自我的满足感，敢于超越自我，不断地在成长的道路上披荆斩棘，才能企及更高的人生高度。

人生的高度有多长，没有人给出固定的标杆。成功的宽度有多宽，同样也没有人测量过。从一定意义上讲，这暗示着人生的高度无止境，成功的宽度无极限。人们每一次获得那一次次的成功只是其中的一段而已，如果能够摆正心态，继续努力、挑战、超越，往往能够挖掘更深的高度，拓展更宽的宽度，从而取得更大的成功。

于是，我们要说通过坚持不懈，任何人都可能获得更卓越的成功，而不是最卓越的成功。如果能够把坚持的时间放得再长点，超越自我的目标定得再高些，那样你将产生越来越伟大的力量，也将获得越来越辉煌的成功。

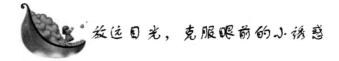

放远目光，克服眼前的小诱惑

"糖果效应"是由著名的心理学家萨勒提出的，旨在说明人们控制自己的能力，后被人们总结为：每个人都有一定的自控能力，但不同人的心理特征、受教育程度，以及生活环境的不同，自控的能力也会不同；自控能力强的人，往往易收获更多。

糖果效应在人的自控力方面有着明显的特点，对此心理学家萨勒曾做过如下实验。

萨勒对一群都是4岁的孩子说："桌上放2块糖，如果你能坚持20分钟，等我买完东西回来，这2块糖就给你。但你若不能等这么长时间，就只能得1块，现在就能得1块。"这对4岁的孩子来说，很难选择。孩子都想得2块糖，但又不想为此熬20分钟；而要想马上吃到嘴，又只能吃一块。

实验结果：2/3的孩子选择宁愿等20分钟得2块糖。当然，他们很难控制自己的欲望，不少孩子只好把眼睛闭起来傻等，以防受糖的诱惑，或者用双臂抱头，不看糖或唱歌、跳舞。还有的孩子干脆躺下睡觉——为了熬过20分钟。1/3的孩子选择现在就吃1块糖。实验者一走，1秒钟内他们就把那块糖塞到嘴里了。

经12年的追踪，凡熬过20分钟的孩子（已是16岁了），都有较强的自制能力，自我肯定，充满信心，处理问题的能力强，坚强，乐于接受挑战；而选择吃1块糖的孩子（也已16岁了），则表现为犹豫不定、多疑、妒忌、神经质、好惹是非、任性，预不住挫折，自尊心易受伤害。

这种从小时候的自控、判断、自信的小实验中能预测出他长大后个性的效应，就叫糖果效应。当然这只是一家之说，萨勒并未指出实验的样本大小，有多少被试的孩子，他们的家教情况如何。但萨勒提出的这个效应还是极有新意的。

根据这个实验，我们可以悟出这样的道理，生活中，人们总是看到眼前的利益，并为获得眼前利益不择手段，甚至舍弃以后的利益。但事情往往就是这样，当你不放长线的时候，便钓不到大鱼，不能克服小的诱惑，便不能收获巨大的成功。

人们习惯性地认为，现在的幸福是最重要的，脚下的路才是最真实的，于是他们经常会为了眼前的蝇头小利而不择手段。但事实上他们在一次又一次的自我满足中失去了既定的优势，最终收获的也并不比那些当初看似吃亏或者不得势的人多。

125

糖果效应告诉人们，要想获得成功，就要有长远的眼光，能够从全局上把握问题，不要为了暂时性的既得利益放弃整片森林。

成功不是靠斤斤计较得来的，也不是靠不停地满足眼前既定利益换取的，更不是比别人会占便宜、在细枝末节上死死纠缠获得的，而是通过长远的目光把事情的关键处看得准、理得清，运用慷慨的做事方法、精明睿智的手段积攒出来的，这些也只有那些胸襟够宽广、目光够长远的人才能真正做到。例如，在外出旅行时，你忽然看到一个风景秀丽的地方，你被万紫千红的花所吸引，如果你因此停了下来，不再继续前进，那么你永远看不到前方更美丽的风景。

在人生的旅途中也如此，如果你不能克服眼前的小诱惑，便无法获得日后更丰厚的礼物。那么人们该怎样克服诱惑呢？这需要人们坚定自己的信念，稳步前进，并用宽容大度的胸怀容纳周围的人，凡事都有一个长远的计划，放远目光，脚踏实地。正如法拉斯通所说："事情往往是这样的，你把最好的东西送给别人，你会得到别人身上最好的东西。"

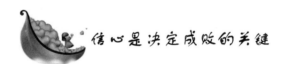

信心是决定成败的关键

美国职业橄榄球联会前主席杜根曾提出："强者不一定是胜利者，但胜利迟早都属于有信心的人。"后来，人们将他的观点归纳为"杜根定律"，即信心是决定成败的关键，只要能够拥有自信，便可最终获得成功。

当你看似一无所有时，你还可以选择牢牢抓住自信。自信是人们面对挑战时勇往直前的勇气与精神，是发挥自身潜能和优势的"催化剂"。在认识自我、鼓励自己的基础上，将自卑、自怨的心理阴影抛到九霄云外，由此才能进入一个良性的心理循环，在自信中品味成功，在成功中享受快乐，在快乐中扭转乾坤，用自己的双手去创造命运的奇迹，活出一个精彩纷呈的人生。

世界著名交响乐指挥家小泽征尔在一次欧洲指挥大赛的决赛中，

按照评委给他的乐谱在指挥演奏时，发现有不和谐的地方。他认为是乐队演奏错了，就停下来重新演奏，但仍不如意。这时，在场的作曲家和评委会的权威人士都郑重地说明乐谱没有问题，而是小泽征尔的错觉。面对这一批音乐大师和权威人士，他思考再三，突然大吼一声："不，一定是乐谱错了。"话音刚落，评判台上立即报以热烈的掌声。

原来，这是评委们精心设计的圈套，以此来检验指挥家的自信心。他们故意给出错误的乐谱，然后对指挥者的怀疑予以否认，看看他们能否坚持自己的正确判断。结果虽然许多指挥家都发现了其中的问题，但是大部分人在被专家否定后就开始随声附和。只有小泽征尔始终坚持自己的正确意见，最终在大赛中夺魁。

生活是公平的，如果你想有所作为的话，就必须树立强大的自信心，敢于坚持自己，因为别人的看法和态度永远代表不了也否定不了你。自信是建立在对自己正确认知的基础上的，对自己的实力的正确估计和积极肯定，是自我意识的重要成分，是心理健康的一种表现，是学习、事业成功的有利心理条件。那么怎样建立自信心呢？可以采取以下 3 个步骤培养自信心。

1. 相信自己，鼓励自己

真正的自信源于自身，只有自己相信自己，不断鼓励自己，才会有生生不息的力量，这是建功立业的必要条件。建立自信首先要树立"天生我材必有用"的信念，相信自己有足够的潜能尚未开发，找出自己的优势。

2. 扬长避短，善于学习

培养学习力是实现自信的重要途径。对于学习力很强的人来说，世界上没有什么难事，即使面临陌生领域的挑战，他们也能从容应对，因为他们都可以去学习。

3. 积极的心理暗示

自信只是一种感觉，每个人都可以通过日常训练来获得。比如每天告诉自己："你是优秀的""你一定可以成功"，每天找几件做得很成功的事，长期坚持下去，这种积极的心理暗示就会逐渐驱走你内心的自卑心理，自信自然就会建立起来。

127

因为自信，才智才变得无穷无尽；因为自信，奋斗的旗帜永远高擎；因为自信，困难才向你低下高仰的头颅；因为自信，生命才得以焕发更多的潜能。拥有自信，你才能在人生的征途上昂扬奋进，无所畏惧，勇敢搏击，扭转乾坤，创造生命的辉煌，人生才得以释放璀璨的光芒！

不值得做的事情就不要去做

一切都可能改变

如果自己从主观上认定某件事不值得去做，做这件事时，就很难调动其热情，往往会采取敷衍了事的态度。即便无意中将这件事做成功了，也不会有成就感。这就是心理学上的"不值得定律"。

"不值得定律"对每个人的生活都起着很大的影响，对此，不妨看一下世界著名指挥家的亲身经历。

伦纳德·伯恩斯坦因出色的指挥被人们所熟知，他获得了世界上著名指挥家的头衔，但事实上，他更倾心于作曲。

在他年轻的时候，曾跟美国知名的作曲家兼音乐理论家柯普兰学习作曲和指挥技巧。伯恩斯坦是创作天赋比较高的人，写过许多不同凡响的作品，他甚至被人们认为是美洲大陆的又一作曲大师。可就在此时，他的指挥才能被当时纽约爱乐乐团发现，紧接着他被推荐到纽约爱乐乐团，担任起了常任指挥。一晃 30 年过去了，伯恩斯坦几乎成了纽约爱乐乐团的顶梁柱，但对于伯恩斯坦而言，他更热衷于作曲。伯恩斯坦说："我喜欢创作，可我却在做指挥。"这个矛盾一直在内心深处折磨着他，一度让他感到痛苦和难耐。当他在指挥的舞台上，一次又一次地获得鲜花和掌声，有谁又能理解他内心的隐痛和遗憾呢？

一个人如果从事的是一份自认为不值得做的工作，那么他往往因此缺少奋斗的激情，甚至抱着敷衍了事的态度进行，这不仅会使成功的概率变小而且缺少成就感；相反，如果人们从事的是一份符合自我价值观和兴趣爱好的工作，就会拿出自己全部的热情把工作做好。

班尼斯曾经说过："最聪明的人是那些对无足轻重的事情无动于衷的人，但他们对较重要的事物总是很敏感。在生活中那些太专注于小事的人会变得对大事无能。"

人们总认为，只要把事情做正确了，便获得了成功，只有做正确的事情，才是更有意义的，也才是成功的。有人说："选择你所爱的，爱你所选择的。"的确，生活中的任何事情，都要秉承这样的人生格言："不值得做的事情不要做，值得做的事才能把它做好。"只有这样，才能更好地激发人们的奋斗精神，提高工作效率，创造更大的价值。

画家莫奈画了一幅修道院的画，画面呈现的是正在工作着的天使，有的在架水壶烧水，有的在提水桶，有的穿着厨衣伸手拿盘子……画中这些做着不同简单事情的天使都有着一个共同点，那就是带着专注的表情。那些周围人看来不值得做的事情，在天使眼中都是值得做的事情，所以他们能够全神贯注地把它做好，正是这一点打动了所有欣赏画的人。

"值得"和"不值得"之间并没有明确的界限，关键看人的态度，同样的事情可能对于一些人来说是非常值得去做的，而对另外一些人来说就是根本不值得用心和努力。一般人们将其总结为：符合自我价值观、符合自身个性和气质、能够实现自我期望的事情是值得做的事情。对于这类事情，人们可以满怀热情地为它付出时间、经历、耐心、毅力，因为对于这类事情绝大部分人取得成功的概率都会明显增大，这恐怕也是每位成功者在不知不觉中遵循的人生准则。

然而在残酷的现实中，绝大部分人都逃脱不了这样的现实，自己不喜欢的工作，必须长期从事，还必须努力地让自己做得出色，因为面对金钱、名利、地位，人们有时会感到自己无力去追逐自我的价值、兴趣、爱好……对于遇到这种情况的人，首先要调节自己的心态，把它当作值得做的事情去做，不要让那些不感兴趣的工作压抑心情，堆积成自我的负担。也就是说，如果在没有选择的情况下，任何工作只要摆在你面前，你都要树立好值得做的信心。只有具备这种心态，你才能取得成功。

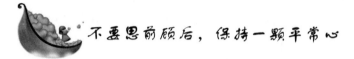
不要思前顾后，保持一颗平常心

瓦伦达是美国一位著名的高空走钢索的杂技演员，他在一次重大的表演中，不幸失足身亡。事后，他的妻子说："我就知道这次一定会出事，因为他上场前不停地说，这次太重要了，不能失败。而以前每次成功的表演，他专注于走钢丝这件事，而不去管这件事可能带来什么。"

后来社会心理学家将这种专注于事情本身、不患得患失的心态叫做瓦伦达心态，并将其总结为：任何人要想做好一件事情，首先要专注于该事情本身，不要考虑与该事情无关或者相关的其他事情。

瓦伦达效应在工作和学习中经常有意无意地出现，对此，美国斯坦福大学的一项研究能够证明这一点。

据美国斯坦福大学的一项研究数据表明，个人大脑中的图像经常会像实际情况本身那样刺激人的神经系统，也就是说个人大脑中呈现出什么样的想象图片，生活中便更容易向着该图片的方向发展。例如，当一个乒乓球运动员一再告诫自己不要把球打飞时，他的大脑中便会出现将球打飞的情景，最终使球完全飞出场外而不受自己控制，这项研究进一步证实了瓦伦达心态与个人成功的密切关系。

根据瓦伦达效应，人们可以了解到这样的心理学影响力。现实生活中，在做某件事情前，人们如果太过在意事情的结果和周围人的言谈，就会疏忽事情的本身。我们的心每天都被各种无形的压力和欲望压得透不过气来，身体健康也日渐下滑。在这样的身心负荷下，人们越是不停地告诉自己一定要成就某件事情，越是容易南辕北辙，偏离预定轨道。

在2004年雅典奥运会前，中国男子体操世界冠军李小鹏被寄予了厚望，但是他在男子单项比赛中发挥失常，仅获得一枚铜牌。而在2003年世界体操锦标赛上，李小鹏获得了两个项目的冠军，而且他还是2000年悉尼奥运会的双杠金牌得主。

一切都可能改变

对于李小鹏的失利，我们不能说他实力不够。事实上，李小鹏自己也不认为自己的失利是欠缺实力的原因所致。他在赛后接受采访时表示，"这次发挥失常的主要原因是某些特殊情况让自己有很大的压力，比赛的时候心情紧张造成的"。

法拉第说过一句话："拼命去换取成功，但不希望一定会成功，结果往往会成功，这就是成功的奥秘。"生活中的多数时候，人们在面对各种压力时往往表现得难以从容面对，所以，经常会出现失误和失败的现象。正所谓"专心致志，方能成功"。集中精神、专注于自己所做的某件事情，对个人的进步与成功往往起着决定作用，反之，则可能出现事与愿违的结果。

而所谓"集中精神"就是保持平常心，时刻让自己沉浸在自己想要做的事情当中，不要提前思虑该事情可能导致的结果，也不要想自己的行为会给他人带去什么样的影响，更不要出现患得患失的心理状态，对于这一点任何人都适用。"平常心是道，得失随缘，心无增减。"例如，高三的学生在高考前如果经常担忧自己在考场上会不会碰到很多不会的题目，就很容易陷入混沌状态，发挥失常，高考失利。

生活中一定要保持平常心，做任何事情都不要思前顾后、三心二意，更不要提前在心里预测事情可能出现的各种现状；只要一心一意地做好眼前的事情，便能够得到自己想要的结果。

第五章　打破常规思维，勇于改变一切

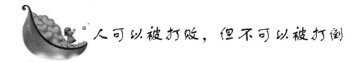

人可以被打败，但不可以被打倒

美国史学家卡维特·罗伯特提出：没有人因倒下或沮丧而失败，只有他们一直倒下或消极才会失败。

没有一个人的成功是一蹴而就的，没有谁可以一步登天。恰恰相反，所有的成功都是经历了一连串的失败之后才产生出来的。给失败下的定义，应该是由自己做主的。当你不认为自己已经失败时，你就永远是胜利者。

一位父亲很为他的孩子苦恼，因为儿子自小胆小孱弱，如今已经 14 岁了，依然没有一点男子气概。于是，他决定把孩子送进一所体校锻炼锻炼。

教练说："你把孩子留在我这里。一个月之后，我一定可以把他训练成真正的男人。不过，在这一个月里，你不可以来看他。"父亲同意了。

一个月后，父亲来接孩子。教练安排孩子和一个空手道教练进行一场比赛，以展示这一个月的训练成功。

教练一出手，孩子便应声倒地。他站起来继续迎接挑战，但马上又被打倒，他就又站起来……就这样反反复复近十余次。

教练问父亲："你觉得你孩子的表现够不够男子气概？"

父亲说："我简直无地自容！想不到我送他来这里受训一个月，看到的结果竟然是他这么懦弱无能。被人一打就倒。"

教练说："我很遗憾，因为你只看到了表面的胜负。你有没有看到你儿子那种倒下去立刻又站起来的勇气和毅力呢？这才是真正的男子气概啊！"

是的，当我们不认为自己失败时，在他人眼里的失败便不是失败。当我们心中有着"倒下去，站起来"的信念，失败便不存在。而当你倒下，即使你依然有成功的希望，你也会是一个彻底的失败者。

人生的光荣不在于永不失败，而在于屡败屡战。只要站起来比倒下去多一次，就是成功。而如果你被苦难打倒，你将一辈子无法"站立"着生活。

自己被自己说服了，是一种理智的胜利；自己被自己感动了，是一种心灵的升华；自己被自己征服了，是一种人生的智慧。一个自己被自己说服了、感动了、征服了的人，还有什么不可以征服的？挫折也好，不幸也好，磨难也罢，不过是生活刻在我们身上的标记，这些标记足以证明我们已经通过了生活的考验，并成功过关了；而且这也是为了让我们拥有更加深刻的阅历，使我们对生活的理解加深一层，对人生的感悟增添一阶，对事物的认识成熟一级。从这个意义上说，想获得成功人生，就应该先把生活中的失败、困苦、挫折看开，看透。

生活永远都不可能是一个完美无缺的圆，我们所能做的就是尽力修正它，使它归于圆满。而获得圆满的人生，需要用勇敢的心去争取，这个争取的过程，就需要一种"屹立不倒"的精神支柱。

"不倒下"其实很简单，不过是一种最平实、最自然的信心，它并不需要你有过人的智慧，也不奢望有人会搀扶你。只是在不顺心、不如意时，"不倒下"会从心灵深处产生一种强大的力量，将你的灵魂高高托起，可以让你如盘古般站立在天地间，笑看浮世风云。

就算是最优秀、最伟大的人物也会面临生活中的难题，但是他们没有退缩。在他们看来，一时的挫折不过是成功征程中一个小小的驿站。当然，这个"驿站"可能不够舒适惬意，但它不是地狱，不是坟墓，而是成功的蛰伏。

记住，没有人能将你打倒，除非你自己愿意倒下。生命就像沙漠里的胡杨，生长着千年的繁茂；绝不是小草，也不是浮萍，随风飘摇。生命更应该是坚硬的磐石，亿万年挺立；绝不像粉尘扬沙，随意飘落。所以，我们活着就要像胡杨、像磐石、像一座山，永远屹立不倒。

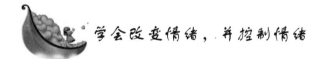

学会改变情绪，并控制情绪

人的感情在外界刺激的影响下，会呈现出各种不同的情绪。每一种情绪具有不同的等级，还有着与之相对立的情感状态，像爱与恨、欢乐与忧愁等。在特定背景的心理活动过程中，感情的等级越高，呈现的"心理斜坡"就越大，越容易向相反的情绪状态转化。比如，假如你此刻正感到无比兴奋，可能在将来的某个时刻，你会因为某种突如其来的外界刺激，立即感到无比的沮丧。这种心理现象便是"心理摆效应"。

人的情绪复杂多变，犹如大海的波涛，大起大落，喜悦时如沐春风，抑郁时黯然神伤，生气时急火攻心，伤心时愁肠百结，焦虑

第五章 打破常规思维，勇于改变一切

133

时惶惶终日，紧张时惴惴不安，等等。犹如一年的四季变化，人的情绪也同样发生着从高涨到低落的周期性变化。

心理学家研究表明，人的情绪不仅在短时间内呈现出较大的波动，而且会在长时期内出现由高涨到低潮的周期性变化。20世纪初，英国医生费里斯和德国心理学家斯沃博特同时发现了一个奇怪的现象：有一些患有精神疲倦、情绪低落等症状的患者，每隔28天就来治疗一次。他们由此将28天称为"情绪定律"，认为每个人从出生之日起，他的情绪以28天为周期，发生从高潮、临界到低潮的循环变化。在情绪高潮期内，我们会感觉心情愉悦，精力充沛，能够平心静气地做好每件事情；在情绪的临界日内，我们会觉得心情烦躁，容易莫名其妙地发火；而在情绪低潮期内，我们的情绪极度低落，思维反应迟钝，对任何事情都提不起兴致，严重时还会产生悲观厌世情绪。

大起大落的情绪不仅会给人的身心带来很大的伤害，还会让我们变得异常暴躁，失去理智，以至于做出一些出格的举动，让自己悔恨终生。

如果能够掌握一些克服"心理摆效应"的方法，可以有效调节日常生活中的坏情绪。我们可以通过有意识的记录，确定自己情绪变化的周期，以便提前预测自己的情绪变化，避免情绪给我们生活带来的负面影响。如果清楚了自己的情绪周期，就可以合理安排自己的作息时间，有意识地将最为重要的工作安排在情绪高涨的时候完成；情绪低落时，我们可以多散散心，参加健身运动，找朋友聊天倾诉，寻求心理慰藉，直到安全度过情绪危险期。

此外，在受到情绪困扰的时候，我们可以通过调节自己的认知方式来调节情绪，因为很多情绪的好坏源于我们对事情的不同看法。例如，当我们受到上司批评的时候，不同的人往往会有不同的反应。悲观的人认为这是上司的故意刁难，对他非常不信任；而乐观的人却认为这是上司的刻意栽培，帮助他认识到自身的不足。正是因为这些认识上的偏差，我们才会产生不同的情绪。因此，我们可以通过改变对事情的看法，改善自己的不良情绪。

人生不能总是高潮，生活也不可能永远是诗。人生有聚也有散，

一切都可能改变

生活有乐也有苦。这就需要我们能够消除一些思想上的偏差，既然挫折与逆境不能改变，何不坦然面对。当处于快乐兴奋的生活时空中，我们应该保持适度的冷静和清醒。而当自己转入情绪的低谷时，要尽量避免不停地对比和回顾自己情绪高潮时的"激动画面"，应当隔绝有关刺激源，把注意力转移到一些能平和自己心境或振奋自己精神的事情上。换一个角度思考，你会发现有些损失也可以成为一笔财富。

有一位国王想将王位传给自己的儿子。他膝下有两位王子，都很聪明可爱，这可让他犯了难。一天，国王叫来两个儿子，给了每人一枚金币，让他们到集市上买回一件物品。出发前，国王派人将他们的衣兜剪了一个洞。

下午，两兄弟都回来了，大儿子垂头丧气，小儿子却喜笑颜开。国王佯装不明就里，询问他们发生了什么事情。大儿子沮丧地答道："金币掉了！"小儿子回答说："我用金币买回了一个教训，把贵重物品放进衣袋前，要先检查一下衣兜有没有洞。这可是我一辈子都受用的无形财富啊！"国王听后，立即决定让小儿子继承自己的王位。

"冬天已经来了，春天还会远吗？"当你觉得不快的情绪涌上心头，情绪极端低落时，不妨将这段日子视为情绪的低谷。用不了多久，萦绕在头脑中的忧郁阴云便会被高昂的情绪一扫而空。

第五章　打破常规思维，勇于改变一切

135

第六章　勤奋改变命运，冒险改变人生

　　有人把成功寄希望于幸运，这也是幼稚的想法。达尔文认为："幸运喜欢照顾勇敢的人，勤奋的人。"

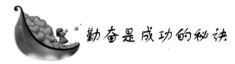
勤奋是成功的秘诀

诺贝尔文学奖的获得者柏格森是一个勤奋的人。他毕业后从事教学工作。在教学的同时，他花了大量的时间阅读各种哲学著作，他不断地思索着，并进行着哲学研究工作。在几年的时间里，他完成了《论意识的即时性》及其他论文。在长期的研究工作中，柏格森非常勤奋。他曾经对朋友说："近15年来，我从来没有真正休息过一天或半天。"长期的劳累使柏格森在66岁时就瘫痪了。

为了继续自己的研究事业，他与病魔顽强地搏斗着。他坐在写字台前，为了防止自己从座位上跌下来，他用一条绳子把自己系在椅子上。他的动作十分困难，连吃一顿饭都得用几个小时。然而，即使这样，柏格森也从没有放弃过工作。晚年，他的右手几近僵硬，但他还是坚持完成了最后一部著作。

柏格森成功的秘诀就是勤劳，如果没有勤劳的精神，柏格森也就不可能获得诺贝尔文学奖。勤劳是他通往胜利彼岸的法宝，他的勤劳精神是值得人们学习和钦佩的。

人们赞赏勤劳，是因为它不但能启迪人的聪明才智，开阔人的视野，而且只有它才能创造一切财富，完善发展人类自身。勤奋是人体的电源，它能使生命闪光发热。勤劳是每一个人都应该具备的美好品质，一个人贵为天子时需要勤劳，沦为庶民后也需要勤劳；天赋平常的人需要勤劳，天资聪明的人也需要勤劳。勤劳能解决温饱，使饥饿的人得到食物；勤劳能使生活质量得到提高，环境得到改善；勤劳能使学习更有兴趣，工作更有效率；勤劳能使优秀者更优秀，富有者更富有。

曾国藩小时候的天赋不是很高。有一天在家读书时，他把一篇文章重复不知道多少遍了，还在朗读，因为，他还没有背下来。这时候他家来了一个小偷，潜伏在他的屋檐下，希望等读书人睡觉之后捞点好处，可是等啊等，就是不见他睡觉，他还在翻来覆去地读那篇文章，小偷大怒，跳出来说："这种水平读什么书？"然后将那文章背诵一遍，扬长而去！小偷是很聪明，至少比曾国藩要聪明，但是他只能成为小偷，而曾国藩却成为连毛泽东主席都钦佩的人："近代最有大本大源的人。"

"勤能补拙是良训，一分辛苦一分才。"那小偷的记忆力真好，听过几遍的文章都能背下来，但遗憾的是，他名不经传。后来曾国藩启用了一大批人才，按说这位小偷曾与曾国藩有过一面之交，大可去施展一二，可惜，他的天赋没有加上勤奋，变得不知所终。所以说伟大的成功和辛勤的劳动是成正比的，有一分劳动就有一分收获，日积月累，从少到多，奇迹就可以创造出来。

世界著名音乐家贝多芬，从小家境贫困，18 岁就担负起养家的重担，年轻时就患有耳疾，49 岁时听觉完全丧失。但他没有向命运低头，而是勤奋学习，坚持奋斗，创作出了许多享誉世界的不朽之作。人或多或少都有点惰性，在目标确定时，信誓旦旦，但真正实施目标的时候，却只有三分钟热情……而成功的取得更大程度上依赖于在实现理想的过程中，谁付出的勤奋汗水多一些，谁的毅力更强一些，谁坚持得更久一些。

勤奋是成功的秘诀，懒惰是失败的病根。我们宁愿以百倍的勤奋去争取一分成功，也不能驰于空想、骛于虚声。

有人认为，成功在于天才。其实天才与勤奋是不可分的。所谓天才，首先是勤奋的人。我们承认人们的天赋有差别，但是，能够成为天才。关键在于勤奋。有几分勤学苦练，天资就能发挥几分。天资的充分发挥和个人的勤学苦练是成正比的。著名的桥梁设计大师茅以升总结他一生科技工作的经验时，得出的结论是："勤奋就是成功之终。"

有人把成功寄希望于灵感，这是不聪明的做法。因为灵感是一位"不喜欢拜访懒汉的客人"。它是在勤奋中产生，也只能与勤奋同步前进。世界上确实存在聪慧的诗人，出口成章的才子，挥毫而就的画家。可是，他们惊人的才能，无一不是勤学苦练的产物和长期积累的结果。

童第周是我国著名的生物学家，也是国际知名的科学家。他从

139

事实验胚胎学的研究近半个世纪，是我国实验胚胎学的主要创始人。童第周17岁才迈入学校的大门。读中学时，由于他基础差，学习十分吃力，第一学期期末考试平均成绩才45分。学校令其退学或留级。在他的再三恳求下，校方同意他跟班试读一个学期。

此后，他就常与"路灯"相伴：天蒙蒙亮，他在路灯下读外语；夜晚熄灯后，他在路灯下自修复习。功夫不负有心人，期末，他的平均成绩达到70多分，几何还得了100分。这件事让他悟出了一个道理：别人能办到的事，自己经过努力也能办到，世上没有天才，天才是用劳动换来的。之后，这句话就成了他的座右铭。

解放后，童第周在担任山东大学副校长的同时，研究了在生物进化中占有重要地位的文昌鱼卵发育规律，取得了很大成绩。到了晚年，他和美国坦普恩大学生满江教授合作研究细胞核和细胞质的相互关系，他们从鲫鱼的卵子细胞质内提取一种核酸，注射到金鱼的受精卵中，结果出现了一种既有金鱼性状又有鲫鱼性状的子代，这种金鱼的尾鳍由双尾变成了单尾。

童第周的成功说明，一个人的先天素质并不是决定成就大小的主要因素。笨鸟先飞，勤能补拙，先天素质的不足，可以通过后天的努力加以补偿。勤奋的最大敌人是懒惰，"生命有限，知识无穷"。事实上也是如此，没有一个人能够有懒惰的资本，因为任何一个人，即使他在某一方面的造诣很深，也不能够说他已经彻底精通，彻底研究全了。任何一门学问都是无穷无尽的海洋，都是无边无际的天空，所以，谁也不能够认为自己已经达到了最高境界而停步不前、趾高气扬。

有人把成功寄希望于幸运，这也是幼稚的想法。达尔文认为："幸运喜欢照顾勇敢的人，勤奋的人。"这就是说，幸运也是特别偏爱勤奋的人，它与勤奋结下了不解之缘。不可否认，某些人有可能凭运气谋得一份好差事，但他却不能凭运气去保持它。如果不勤奋努力，即使有了良好的机遇，这机遇也迟早会丧失。

勤劳的品质之所以得到提倡和赞美，是因为勤劳能为我们带来财富，而同时也因为世界上还存在着令人憎恶的懒惰。按此分类，世界上的人便可以分为两类：一类是勤劳人，另一类是懒汉。当然，

一切都可能改变

更多的人则处于二者之间——但由于勤劳与懒惰是相对而言，所以，我们仅把人分为两类。一个人要想不平庸，要想活得有价值，就必须选择勤劳，做个勤快人。

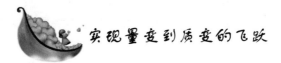

实现量变到质变的飞跃

众所周知，任何事物都是质与量的对立统一。量的积累会引质变，起其主要形式有两种：一种是量的增加或减少，另一种是构成事物的各种成分在内部组织上变化引起的质变。

故事一：从前，宋国有个老头儿很喜欢猴子，他在家里养了一大群猴子。时间长了，他便了解了猴子的脾气秉性，猴子也能听懂他说的话。由于猴子的食量太大，老头儿家里的存粮一天比一天少了。他想限定猴子的食量，于是就向猴子宣布："从今天早饭起，你们吃的橡实要定量，早上3个，晚上4个，够了吧？"猴子听了个个龇牙咧嘴，乱蹦乱跳，显出很不满意的神色。老头儿见猴子嫌少，就重新宣布："既然你们嫌少，那就早上4个，晚上3个，这样总够了吧。"猴子听说早上从3个变为4个，都以为是增加了食物的数量，一个个摇头摆尾，伏在地上，咧着大嘴直乐。从早上3个、晚上4个变为早上4个、晚上3个，总数还是7个，只是将安排的次序进行了调整，结果却收到了不同的效果。

当家中的食物不能满足猴子食量要求的时候，养猴人为了达到安抚和驯养猴子的目的，将橡实的数量进行了巧妙的调整，在没有增加总量的情况下，满足了猴子的要求。对此，我们在批判猴子不看事物本质，只注重事物形式，养猴人老奸巨猾、诡计多端的同时，更应该学习养猴人那种灵活多变的工作方法和思维模式。

故事二：战国时，齐威王和田忌赛马，两人各出上、中、下等马三匹，比赛时，以上马对上马，中马对中马，下马对下马。由于齐威王的马无论哪一等都比田忌的马强，结果田忌三战三败。

田忌的好友孙膑得知此事，帮他出了一个好主意，并请求齐威

王再赛一次。比赛又开始了，这时田忌以自己的上等马对齐威王的中等马，中等马对齐威王的下等马，结果二胜一负，这次田忌胜利了。

这则故事包含了由于构成事物的成分在空间排列顺序上的不同而产生质变的哲学道理。唯物辨证论认为，事物的质变，就是事物从一种质态到另一种质态的飞跃，是事物根本性质的变化。田忌采纳孙膑的意见，马仍然是原来的马，只是改变了与对方赛马的"排列顺序"，所以就由输变赢。这就给了我们启示，要促使事物向好的方面发生质的变化，不但要注意量的积累，循序渐进，而且还要把握"空间结构形式"的变化，扬长避短，发挥优势，这样才能夺取胜利。

故事三：小黑熊在渡口摆渡，一群小羊上了小船，船舱挤满了。小黑熊正要拔篙撑船，一只小鹿边跑边喊追了过来，要小黑熊带它过河。小黑熊说："船装不下了。""哎，多一个没关系。"小鹿说着跨上了船。小黑熊刚要开船，又有一只小猴急匆匆地跑过来要过河去。"不行啦，请等下一趟吧！"小黑熊说。小猴不听劝告也跑着跳上了船。就这样，先后有几个小动物上了船。小船还没有行到河中心，一个浪头打过来，就被打翻了。

世界上任何事物的变化发展，都是量变和质变的统一。量变是质变的前提和必要准备，质变是量变的必然结果。由于量变只有在一定的范围和限度内，事物才能保持其原有性质，所以，当我们需要保持事物性质的稳定时，就必须把量变控制在一定的限度之内。小鹿和小猴不懂得这一点，不听劝告，强行上船，致使小船上的动物越来越多，量变引起质变，小船最终被浪打翻了。当然，作为艄公的小黑熊没有严格把握好适度原则，对这一事故的发生也有不可推卸的责任。

量变到质变不仅可以发生在事物上，也可以发生在个人身上。

格林尼亚在青少年时代曾经是个游手好闲荒废学业的"二流子"，家庭的优裕和父母的溺爱使得他放荡不羁，整天吃喝玩乐。但是，一次偶然的机会让他猛然醒悟过来：在他21岁那年的一次舞会上，一位美丽的姑娘引起了格林尼亚的注意，他走上前去邀请姑娘

一切都可能改变

跳舞，却被姑娘冷冷地拒绝了。格林尼亚以为是自己太冒昧，便连忙表示歉意，但姑娘却冷冷地说："请站远一点儿吧，我最讨厌像你这样的花花公子挡住我的视线。"这句话如利剑般深深地刺痛了格林尼亚的心。

回家后，格林尼亚一头扎在床上，在羞愧和苦痛中回顾了自己的所为，下决心悔改，要做一个对人类有用的人。于是他悄然离家，给父母留下字条："请不要探寻我的下落，容许我努力学习，我相信自己将来会取得一些成绩的。"

从此，格林尼亚埋头苦读，仅用了两年的时间就补上了荒废的学业，考上了法国里昂大学。他以严谨的科学态度发现并纠正了著名化学家巴尔尼教授的一些疏忽和错误，发明了"格氏试剂"，他美好的夙愿终于实现了，里昂大学破格授予他博士学位，后来他成为诺贝尔奖的获得者。

人和世界上的任何事物一样，都是发展变化的。在发展过程中内因是根据，外因是条件，外因通过内因起作用。格林尼亚变化的内因在于他的自尊心和自信心，如果没有这个内因，他断然不能发愤自强。如果没有姑娘的严厉批评和强烈刺激这个外因的作用，或许他还是会一如既往地过着游手好闲、吃喝玩乐的生活。外因通过内因起作用使他幡然醒悟，终于成为诺贝尔奖的获得者。

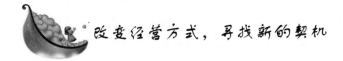

改变经营方式，寻找新的契机

一个小小的农村供销社，你们能想象他们通过改变经营方式，带来了多少收益吗？

中国农村县级以下的基层供销社，多数处于亏损状态。亏损的原因很多，但一个重要的原因就是，不少供销公司一直不变地采用着几十年来的供应生产、生活资料和收购部分副产品的单环节经营方式。如此单一不变的形式，自然难以适应现代市场经济的需求，公司的亏损也在所难免。

为了摆脱困境、重获生机，山东省某县供销社探索了一条较为成功的道路。该供销社坚持以农为本，围绕农副产品的产前、产中技术的物资服务和产后购销这个中心，建立了包含一个支农服务中心，棉花、农副产品、禽畜、生产资料等4个服务部和11处综合服务站点的服务体系。这样一来，该供销社彻底改变了原来传统、单一的经营方式，做到农民需要什么，他们就服务什么，形成了多样经营的方式。同时，这个供销社将市场拓宽到其他省、市、自治区，先后与省内外150多家生产经营单位建立了稳固的进货、供货关系，与300多家集体、个体商户建立了稳定的批发关系。此外，他们还根据当地饲养业发达的特点，积极创办食品加工业，相继建起一座具备300吨冷藏能力、两条宰杀加工线和年产肉鸡饲料2500吨的加工厂。

最终，这个供销社不但转亏为盈，而且利税连年增长。他们获得成功的一条重要经验就是，大力拓展经营业务，走"不雷同于其他供销社"的经营模式。

现代化的公司经营，产品的研制、开发和生产都只是公司经营的一部分内容。而经营方式的适时调整，对公司的经营有着重要的影响。经营公司必须突破一成不变的经营思路，经营方式要更加灵活与多样化，随着市场的变化，实现"你变我也变"。

尤其是在当今的世界范围内，各种高新科技正迅猛发展，边缘科学、边缘技术也层出不穷，所以改变更是势在必行。

处在这种环境中的公司，所面临的竞争与挑战来自于方方面面，例如手表行业对机械手表的挑战来自于不同行业的石英技术。因此，公司必须根据自身的实际，通过摸索、探讨，制定出最佳的、能经受住来自各方面竞争压力的经营战略和经营方式的规划。

公司为了能够不断发展，更应该走一条"新、奇、快"的道路。在制定经营战略规划时，要突出本公司产品的特色，以奇制胜。在经营方式上，应该坚持走工艺专业化的道路，打破传统的产品专业化和行业的界限，发挥公司自身优势。而在经营策略上，则应审时度势、以变制胜、趋利避害、以快制胜，一般来说是突出某一策略，同时适当用好其他部分，以形成自己的优势。

适时调整经营方式，的确是令公司摆脱危机、走出困境，并获取新生的一个重要方法。这类成功者很多，他们的经验非常值得借鉴。

江苏有一家丝绸制造厂，也是依靠经营方式的适时调整，在全国丝绸公司都不景气的情况下，始终保持着公司产销两旺的势头。这家丝绸厂采取的一个重要的改革措施是将经营方式由内向型转为外向型，由单一转为多样。

首先，这家丝绸厂在本地区开设了丝绸经营公司，并以此为窗口了解其他各省市、地区的丝绸行销状态。公司一方面独立经营各种丝绸产品，力争将主业做精，以赢得效益；另一方面，又为厂家提供市场反馈信息，为公司经营决策提供依据。其次，该公司又积极兴办联营公司，抓住一切时机谋求发展。再有，就是兴办中外合资公司，推动公司走向国际市场，最终为公司的进一步发展提供了新的机遇和动力。

追求灵活多变、新颖奇特，是当今竞争激烈的市场经济对公司提出的一个更高要求。尤其是某些公司，在物质基础较差的前提下，就必须采取灵活多样的经营形式来弥补原有的不足。

面对市场，公司若要生存，就需要站得稳、走得牢，同时还要走得巧。走一条"出奇制胜"的道路，对公司而言是再合适不过，既能够保障其站稳于市场，同时也打破了传统模式的束缚，使公司有足够的活力去前进、去发展。

无论是经营公司，还是普通工作，都需要这种寻找新的契机、不断开拓的精神。

在人类社会的发展史中，是不断进取、永不满足的精神促进了社会的发展和人类的进步。因为通过不断进取，人类才从低级走向高级，才从原始社会刀耕火种、茹毛饮血中摆脱出来，才能从艰难拓荒、筚路蓝缕发展到现在的现代生活、太空航行。不仅社会如此，人类自身也是一样。古今中外，凡成就大事业者，都必须具备不断开拓的精神。

如今，恐怕世界各地的人们都非常熟悉日本的索尼公司。它从最初产生到现在不过50年的时间，正是索尼公司的创始人盛田昭夫

145

不断开拓的精神，使它由一个不起眼的小企业一跃成为在世界上居领先地位的知名电子制造公司。

在经营公司伊始，盛田昭夫就把"誓做开拓者"立为信条，并以此作为勉励全体职工的"公司训言"。正是依靠这种精神，他们大力研制开发新产品，不惜钱财购买外国专利。在盛田昭夫担任索尼公司总经理、总裁后，索尼公司继续以"誓做开拓者"为宗旨，接连不断地推出一代代世界首创的新产品。

在人生的道路上，最忌讳浅尝辄止，故步自封。因为干事业如同逆水行舟，不进则退。绝不可相信自己是完美的，否则，便会走下坡路。

做人做事要学会圆润变通

种子落在土里长成树苗后最好不要轻易移动，一动就很难成活。而人就不同了，人有脑子，遇到了问题可以灵活地处理，用这个方法不成就换一种方法，总有一种方法是对的。做人做事要学会变通，不能太死板，要具体问题具体分析，前面已经是悬崖了，难道你还要跳下去吗？不要被经验束缚了头脑，要冲出习惯性思维的樊笼，执著很重要，但盲目的执著却是不可取的。

战国时期，秦国有个人叫孙阳，精通相马，无论什么样的马，他一眼就能分出优劣。他常常被人请去识马、选马，人们都称他为伯乐。

有一天，孙阳外出打猎，一匹拖着盐车的老马突然向他走来，在他面前停下后，冲他叫个不停。孙阳摸了摸马背，断定是匹千里马，只是年龄稍大了点。老马专注地看着孙阳，眼睛里充满了期待和无奈。孙阳觉得太委屈这匹千里马了，它本是可以奔跑于战场的宝马良驹，可现在却因为没有遇到伯乐而默默无闻地拖着盐车，慢慢地消耗着它的锐气和体力，实在可惜！想到这里，孙阳难过得流下泪来。

这件事过后孙阳深有感触，他想，这世间到底还有多少千里马被庸人所埋没呢？为了让更多的人学会相马，孙阳把自己多年积累的相马经验和知识写成了一本书，配上各种马的形态图，书名叫《伯乐相马经》。目的是使真正的千里马能够被人发现，尽其所才，也为了自己一身的相马技术能够流传于世。

孙阳的儿子看了父亲写的《伯乐相马经》，以为相马很容易。他想，有了这本书，还愁找不到好马吗？于是，就拿着这本书到处找好马。他按照书上所画的图形去找，没有找到。又按书中所写的特征去找，最后在野外发现了一只癞蛤蟆，与父亲在书中写的千里马的特征非常像，便兴奋地把癞蛤蟆带回家，对父亲说："我找到一匹千里马，只是马蹄短了些。"父亲一看，气不打一处来，没想到儿子竟如此愚蠢，悲伤地感叹道："所谓按图索骥也。"

所谓变通，顾名思义，就是以变化自己为途径，通向成功。你改变不了过去，但你可以改变现在；你想要改变环境，就必须先改变自己。文学家讲："明智的人使自己适应世界；而不明智的人则坚持要世界适应自己。"我们每天面对层出不穷的矛盾和变化，是刻舟求剑以不变应万变，还是采取灵活机动的变通方式应万变，这是我们需要确立的一种做人做事的心态。在漫长的人生旅途中，每一个人都不能不面对变化，不能不选择变化。不能不正确地处理变化。学会变通，不仅是做人之诀窍，也是做事之诀窍。

我们应该如何提高自己的变通能力呢？

1. 要有勇气应对变化。

勇气是什么？勇气是一个哨音，一声呐喊，一个命令，它的作用就是调动起自己全部的能力去迎接变化和挑战。有一个美国人曾对数百个百万富翁做过一番调查，发现这些百万富翁并非都是名牌大学毕业的，其中不少人还是智力平平者，然而他们创新的勇气却大大超过前者。一个人要想学会变通，首先就必须鼓足勇气。勇气是人的一种非凡的力量，它虽然不能具体地去处理某一个问题，克服某一种困难，但这种精神和心态却能唤醒你心中的潜能，帮助你应对一切变化和困难。

2. 要审时度势、打破常规。

所谓审时度势，就是要明白相同事物的相似之处和相似事物的

147

不同之处。如何审时度势呢？一是要有一个良好的心态。如果一个人心平气和，他就能认清事物的本来面目，就能够万事得理，一顺百顺。二是要学会换位思考。香港的著名企业家李嘉诚是一位十分擅长换位思考的人。他有一句名言："与人合作时你能分到十分，就最好只拿八分或七分，这样你就会有下一次合作机会。"三是要打破常规。莎士比亚也说："别让你的思想变成你的囚徒。"爱默生说："宇宙万物中，没有一样东西像思想那样顽固。"成语作茧自缚，说的就是习惯按既定的规则行动，结果不敢越雷池一步。对于墨守成规的人来说，一切都是不可能的；而对于一个喜欢打破常规的人来说，一切都是可能的。

3. 要借助外力为我所用。

一个人不管自恃有多大本事，都不能脱离这个社会。个人的力量毕竟是有限的，但是我们却可以借用外力，让自己强大起来，这也算是一种变通。有一则笑话讲的是一个大汉在街上喊："谁敢惹我？"看到这位膀大腰圆的大汉，人们纷纷闪开。这时来了一个更强壮的大汉。他走了过去，大叫一声："我敢惹你！"围观的人群本想让这两个大汉较量一番，没想到他们竟联合起来。虽然一台好戏没看成，但大家悟出了一个道理，借助别人的力量，自己也可以变得强大起来，这就是借的变通术。

4. 要有信心开发潜能。

所谓信心，就是指一个人的心态潜能。当一个人对自己充满信心的时候，常常就是获得成功的时候。有一位心理学家指出："人的天性里有一种倾向，如果将自己想象成什么样子，就真会成为什么样子。"也就是说，如果你是一个充满信心的人，你有信心克服困难，有信心处理问题，有信心获得成功，那么，你身上的一切能力都会为你的信心去努力，你也就有可能成为你希望成为的那样；反之，如果你缺乏信心，总认为你没有能力去做这一切，那么，你的一切能力也就会随之沉寂，自然你也就成为了一个没有能力的人。

孙膑是我国古代著名的军事家，他的《孙膑兵法》到处蕴含着变通的哲学。孙膑本人也是一个善于变通的人。

孙膑初到魏国时，魏王要考查一下他的本事，以确定他是否真的有才华。

一次，魏王召集众臣，当面考查孙膑的智谋。

魏王坐在宝座上，对孙膑说："你有什么办法让我从座位上下来吗？"

庞涓出谋说："可在大王座位下生起火来。"

魏王说："不行。"

孙膑说："大王坐在上面嘛，我是没有办法让大王下来的。不过，大王如果是在下面，我却有办法让大王坐上去。"

魏王听了，得意洋洋地说，"那好，"说着就从座位上走了下来，"我倒要看看你有什么办法让我坐上去。"

周围的大臣一时没有反应过来，也都嘲笑孙膑不自量力，等着看他的洋相呢。这时候，孙膑却哈哈大笑起来，说："我虽然无法让大王坐上去，却已经让大王从座位上下来了。"

这时，大家才恍然大悟，对孙膑的才华连连称赞。

魏王也开始对孙膑刮目相看，孙膑很快就得到了魏王的重用。

在处理问题时，我们总是习惯性地按照常规思维去思考，如果我们能像孙膑那样，学会灵活变通，那么你会发现"柳暗花明又一村"。

不仅思考问题要这样，在工作上也应该这样。与领导相处的时候尤其要注意灵活变通。领导为什么能成功？其中一个重要的因素就是他们善于灵活变通，故而跟在他们身边的下属，也必定要懂得弹性处理法则。所谓灵活变通与弹性处理，跟滑头性格与做事没有原则是不相同的。因时制宜，在某种特殊或特定的环境之内，配合需求，设计出最好的可行方案，这就是所谓的弹性处理。分明已经改了道，此路不通，还偏偏要照旧时的那个法子把车开过去，这不是坚持原则，而是蛮干。

实践证明，不管你是觉察到还是没有觉察到，不管你是愿意还是不愿意，每个人时时刻刻都在寻求变通。所不同的是，善于变通的人越变越好，而不善于变通的人却越变越差。只要我们掌握了变通之道，就可以应对各种变化，在变化中寻找到机会，在变化中取得成功。

第六章　勤奋改变命运，冒险改变人生

成功就是每天进步一点点

有个员工叫杨超，他的父母都下岗了，生活很困难。他高中毕业后，因为不想让家里负债给他交学费，不得不放弃上大学的机会，做了一名普通的工人。但是，他不像别的工人那样，拿一份钱，干一份工作，他每天都在工作中不断学习，想办法充实自己，努力改变自己工作的境况。他注意到主管每次总要认真检查那些进口商品的账单，由于那些账单用的都是法文和德文，他就在每天上班的过程中仔细研究那些账单，并努力钻研学习与这些商务有关的法文和德文。

后来，当主管忙不过来时，他就主动要求帮助主管检查。由于他干得实在是太出色了，以后的账单自然就由他接手了。

过了两个月，他被部门经理叫到办公室。部门经理说："我在这个行业里干了30年，根据我的观察，你是唯一一个每天都在要求自己不断进步、不断在工作中改变自己、以适应工作要求的人。从这个公司成立开始，我一直从事外贸这项工作，也一直想物色一个助手。这项工作所涉及的面太广，工作比较繁杂，需要的知识很庞杂，对工作的适应能力要求也特别高。现在，我们选择了你，认为你是一个十分合适的人选，我们相信公司的选择没有错。"

尽管杨超对这项业务一窍不通，但是，他凭着对工作不断钻研、学习的精神，让自己的能力不断地提高。半年后，他已经完全胜任这项工作了。一年后，部门经理退休了，经过大家的推举，由他接任了这项职位。

有一句美国谚语说："通往失败的路上，处处都是错失的机会。坐等幸运从前门进来的人，往往忽略了从后门进入的机会。"只要你能以积极主动的态度。努力改进自己的工作，驱策自己不断前进，就会使自己从激烈的竞争中脱颖而出。

的确，现在我们所处的已经不是一个靠文凭就能一劳永逸的年代了。

你的文凭和经历只能代表过去，在以后的工作中，只有勇于负责，每天都有所改变、有所进步的人，才能够成为一个卓越的职员，并抓住机遇，顺势而上。大多数人的弊病是，他们认为要改变自己是一项一蹴而就的工程。他们不知道改变的唯一秘诀乃是随时随地要求自己改进，在工作中不断学习、钻研。

人的身体之所以保持健康有活力，是因为人体的血液时刻在更新。同样，作为公司的一名职员，只有不断地从学习中吸收新思想，不断地提升自己的思考能力，才能够在工作中获得不断改进的方法。

不断改进如果成为一种习惯，将会受益无穷。一名不断改进的职员，他的魄力、能力、工作态度、负责精神都将会为他带来巨大的收益。一个不断改进的老板，不但会感染自己的员工与他一同改变日常的工作，还能让自己的事业每天都向前滚动、壮大。

如果你在一家法国企业工作，但是你会的外语只有英语，你会怎么办呢？

纽约的一家公司被一家法国公司兼并了，在兼并合同签定的当天，公司新的总裁就宣布："我们不会随意裁员，但如果你的法语太差，导致无法和其他员工交流，那么，我们不得不请你离开。这个周末我们将进行一次法语考试，只有考试及格的人才能继续在这里工作。"散会后，几乎所有人都拥向了图书馆，他们这时才意识到要赶快补习法语了。只有一位员工像平常一样直接回家了，同事们都认为他已经准备放弃这份工作了。令所有人都想不到的是，当考试结果出来后，这个在大家眼中肯定是没有希望的人却考了最高分。

原来，这位员工在大学刚毕业来到这家公司之后，就已经认识到自己身上有许多不足，从那时起，他就有意识地开始了自身能力的储备工作。虽然工作很繁忙，但他却每天坚持提高自己。作为一个销售部的普通员工，他看到公司的法国客户有很多，但自己不会法语，每次与客户的往来邮件与合同文本都要公司的翻译帮忙，有时翻译不在或兼顾不上的时候，自己的工作就要被迫停顿。因此，他早早就开始自学法语了；同时，为了在和客户沟通时能把公司产品的技术特点介绍得更详细，他还向技术部和产品开发部的同事们

学习相关的技术知识。

这些准备都是需要时间的，他是如何解决学习与工作之间的矛盾呢？就像他自己所说的一样："只要每天记住 10 个法语单词，一年下来我就会 3600 多个单词了。同样，我只要每天学会一个技术方面的小问题，用不了多长时间，我就能掌握大量的技术了。"

量变积累到一定程度就会发生质变。所以说，不要幻想自己能突然脱胎换骨，马上就能成为一个卓越的员工。要知道，从平凡到优秀再到卓越并不是一件多么神奇的事，你需要做的就是，每天进步一点点。

如果你是个有创意的员工，你应该明白仅仅是全心全意、尽职尽责是不够的，还应该在工作中比别人多准备些。表面上看来，你没有义务要做自己职责范围以外的事，但是你也可以选择自愿去做，以驱策自己快速前进。这种态度是一种极珍贵、备受看重的素质，它能使人变得更加敏捷，更加积极。无论你是管理者，还是普通职员，"每天多准备百分之一"的工作态度能使你从竞争中脱颖而出。你的企业、上司、同事和顾客会关注你、信赖你，从而给你更多的机会。

每次一点点的放大，最终会带来"翻天覆地"的变化。成功就是每天进步一点点，成功来源于诸多要素的几何叠加。比如：每天笑容比昨天多一点点；每天走路比昨天精神一点点；每天行动比昨天多一点点；每天效率比昨天提高一点点；每天方法比昨天多找一点点。那么，不仅能彰显自己勤奋的美德，而且能发展一种超凡的技巧与能力，使自己具有更强大的生存力量，从而进入卓越员工的行列。

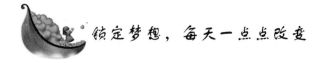

锁定梦想，每天一点点改变

有两个销售代表，他们分别来自两个不同的企业，但销售的产品和活动的区域却是一样的。一年下来，其中一个销售代表比另一

个卖出的东西要多3~4倍。为什么会这样？因为业绩优秀的那个销售代表拥有强烈的企图心和强烈的赚钱欲望，工作时总是全力以赴。结果，他理所当然地获得了丰厚的报酬。而另一个销售代表得到的报酬却少得只够维持他的生活之用，这仅仅是因为他的欲望太小，没有强烈的企图心。

业绩的好坏，取决于一个销售代表是否拥有强烈的企图心。从某种意义上说，企图心实际上就是贪婪，就是永不满足，永远向前。对于一名销售代表而言，人的贪婪天性会给他无穷的动力，使他不断地跨越障碍，创造奇迹。

企图心是每一个渴望成功的人所必须具有的心态，因为它是一种动力。如果没有这种动力，你可能在遭到拒绝或受到挫折时，就会找借口为自己开脱，然后放弃。

抱着对业绩无所谓的心态，是做不成大事的。如果你不想拥有成功，成功是不可能自己跑来找你的。没有强烈的企图心，对什么都感到无所谓，久而久之，就会产生一种惰性，就会以一种消极的心态去对待自己的工作。结果使奋斗的热情下降，离成功越来越远。这也是许多人之所以平庸的原因。

哈佛大学的社会学家丹尼尔·莱文森，首次对人们的各个不同心理发展阶段进行了系统化研究，他以一组学生为研究对象，并一直对他们以后三十多年的生活进行跟踪。他的主要发现之一是：年轻人为自己的未来构想了一幅画，莱文森称之为"梦想"。他发现在后来的生活中，有些人出于种种原因，如经济安全或为配偶、家庭的缘故，背弃了自己最初的梦想，这些人大多感到生活压抑，而且随着年龄的增长，他们的生活态度也越来越消极。

在莱文森的经典之作《人生四季》中，他这样描述梦想：

无论他梦想的本质是什么，一个年轻人有责任赋予这种梦想更广泛和更深刻的含义，发展这种梦想，为这种梦想生活。一个人或者生活架构与梦想一致，不断受到梦想的鼓舞，或者生活架构与梦想背道而驰，他今后的成长和生活因此而截然不同。如果梦想和现实生活脱离，它很快就会消亡，与之同时消失的是他的生机和意志。

因为我们只是在无聊或受到某种刺激的时候才去想那个久违的

153

"梦想"，做什么了？做了吗？实质我们什么都没做。成功人士和我们却截然相反，他们在思维运动后确定目标——梦想。就如傻子的眼神，他们接下来会痴迷地盯着那个"点"不放。用我们党的话说就是"坚定不移"。如果之后只是盯着不放那可真就成了流着哈喇的傻瓜了。他们会为了梦想融入自己的实际行动，那可不是谁空泛地胡说两句就能得到人们的钦佩的——为了梦想，他们无惧一败涂地；为了梦想，他们不怕鼻青脸肿。正是因为这些，他们才可以就像一把刻刀，用心血把抽象的"梦想"刻得棱角分明。

你的思维或许会因此而温习一下那早已陌生的凌云壮志，当视听回到现实的平静后，依旧只是无奈地去把今天的平淡延续！这就是你、这就是我、这就是他，这也是梦想为什么会在我们的脑海中抽象的缘故。

美国一家大企业在招聘销售代表的时候，总会问这样一个问题："你为什么要做销售？"对于这个简单的问题，大部分的应聘者会回答"我喜欢这个有挑战性的工作"，"为了实现自己的理想"，等等。做出这样的回答的应聘者一般是不会被录用的。相反的，如果应聘者说，"为了赚钱"，招聘者反而会露出满意的笑容，祝贺他被录用。

在销售代表这个行业里，也经常有这样的情况：有一个新雇员，刚刚接受完培训，他的产品知识和经验都很少，但却做成了一笔又一笔买卖。究其原因，就是他对拥有好业绩具有强烈的企图心。不贪婪的人不是好的销售代表。许多出色的销售代表常常毫不掩饰地承认自己从事销售的原因是为了金钱，也正是因为这种对金钱永不满足的心态，使他们变得出色，从而取得了成功。

所以，别掩饰你的欲望，更别用"低俗"、"贪得无厌"来压制和打击它。只有使你的欲望变得强烈，使你的企图心不断膨胀，你才能拥有坚持不懈和全力以赴的精神，才会建立起积极的心态，并最终创造出卓越的成就来。

其实，梦想对于我们普通人来讲，是个很抽象的东西。

脑海里，似乎只有那些出现在某个荧屏访谈栏目中的成功人物，在他们与主持人的一对一答中才能体现出梦想的血肉骨架。对我们而言，或许只会在主持人富有磁性的嗓音发出煽情的结束语后热血

一切都可能改变

沸腾三分钟吧。

　　既然选定了远方，那就要风雨兼程！锁定属于我们自己的梦想，不抽象么？那就去刻，狠狠地刻，像见了仇人一样地刻，直到自己满意为止。有生之年看看梦想到底是个什么样。热血沸腾那么几分钟什么用都没有，只会导致自己的心率失常。锁定梦想，每天一点点改变，当然要不惜血本！不要再看了，快快行动起来吧！

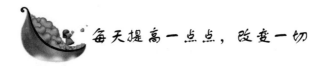

每天提高一点点，改变一切

　　宝洁公司的汰渍洗衣粉由于在广告中倒洗衣粉的时间用了 3 秒钟，而在奥妙洗衣粉广告中这个动作仅用了 1.5 秒，结果被消费者误认为只有倒入大量的汰渍洗衣粉才能洗干净衣服，这是非常不划算的。就是因为广告中这么细微的一点疏忽，给汰渍洗衣粉的销售和品牌形象造成了伤害。

　　所以，在市场竞争日益激烈残酷的今天，任何细微的东西都有可能成为"成大事"或者"坏大谋"的决定性因素。在决定性因素上，只要提高一点点，就会改写原来的胜负法则。

　　产品、服务和管理等微小的细节差异有时会放大到整个市场上，最终变成巨大的占有率差别。一个公司在产品、服务和管理上有某种细节上的改进，也许只给用户增加了一点点的方便，然而在市场占有的比例上，这一点点的细节便会引出几倍的市场差别。

　　原因很简单，在消费者对两个产品做比较之时，相同的功能都被抵消了，而对决策起作用的就是那一点点的细节。对于用户的购买选择来讲，往往是一点点的细节优势决定那 100% 的购买行为。这样一来，微小的细节差距往往是市场占有率的决定性因素。

　　风靡全球的麦当劳，在世界 121 个国家中拥有 3 万家店。麦当劳把"品质、服务、整洁、价值"的经营理念点点滴滴细化贯穿到企业管理的每个环节、每个角落，可以说，点点滴滴的细节管理塑造了麦当劳的卓越品牌。

155

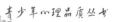

例如，麦当劳为了确保汉堡包的鲜美可口，不断提高对细节的重视，精益求精简直到了苛刻的程度：

面包的直径均为 17 厘米，因为这个尺寸入口最美；

面包中的气泡全部为 0.5 厘米，因为这种尺寸味道最佳；

对牛肉食品的品质检查有 40 多项内容，从不懈怠；

肉饼的成分很有讲究，必须由 83% 的肩肉与 17% 的五花肉混制而成；

牛肉饼重量在 45 克时其边际效益达到最大值；

汉堡包从制作到出炉时间严格控制在 5 秒钟内；

一个汉堡包净重 1.8 盎司，其中洋葱的重量为 0.25 盎司；

汉堡包出炉后超过 10 分钟，薯条炸好后超过 7 分钟，一律不准再卖给顾客；

汉堡包饼面上若有人工手压的轻微痕迹，一律不准出售；

与汉堡包一起卖出的可口可乐必须是 4℃，因为这个温度最可口；

柜台高度为 92 厘米，因为这个高度绝大多数顾客付账取物时感觉最方便；

不让顾客在柜台边等候 30 秒以上，因为这是人与人对话时产生焦虑的临界点。

在麦当劳，从原料供应到产品售出，任何行动都必须遵循严格统一的标准、规程、时间和方法，全球各地的顾客在世界的不同角落，不同时间，都能品尝到品质相同、鲜美可口的美式汉堡。正是这种不断完善、精益求精的精神打造了麦当劳所向披靡的品牌力。

"每天提高一点点。"这是一位经理人时刻告诫自己的一句话。对于一个企业而言，每天提高一点点并非一件很困难的事情，比如制作某种小型器具，你一小时能生产 100 个，把效率提高一点点后，每小时就能生产 101 个。开动机器，说干就干！你不需要对生产方法进行根本性变革，也无需有超人般的生产速度，只需稍微加把劲。当你实现这一目标后，你会发现几乎任何事情要想提高一点点的效率都不难，而这少许的努力却能够产生不菲的回报。

对于个人而言，只有每天不断地进步与突破，才能摘取成功的桂冠。一个人要有伟大的成就，就必须每天都有一些小成就，因为大成就往往是小成就不断累积的结果。假如你每天都没有进步，没有成就，那么在心理上你可能永远都不会认同自己，因此便无法获得必胜的信心。

音乐大师们每天都必须拿出时间进行练习，为了保持现有水平，他们不得不付出大量的时间，一位古典音乐家坦言："一天不练，自己知道。两天不练，妻子知道。三天不练，听众知道。"

每天改变一点点的威力是无穷的。只要我们有足够的耐力，坚持到"第28天"以后，你进步的程度会令自己都感到惊讶。

一个人，如果每天都能提高一点点，就没有什么能阻挡他抵达成功，其实，成功与失败的距离并不遥远，很多时候，它们之间的区别就在于你是否每天都在提高自己，假如今天的你与昨天的你相比没有进步的话，那么你就会被竞争无情地淘汰。

只要每天提高一点点，就没有人能够打败我们。《易经》上说"日新之谓盛德"，《尚书》上说"苟日新，日日新，又日新"，这些名言正是要告诉我们一个道理：一个每天都能够进步的人，是不会被打败的。失败者之所以失败，只是由于梦想一口吃成一个胖子，结果却忘记了踏踏实实地往前走。这些人没有做到每天都进步，哪怕只是一点点。成功者之所以成功，不是由于比别人聪明多少，而只是因为他们每天都在坚持不懈地改进着自己。

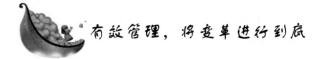

有效管理，将变革进行到底

进入70年代以来，克莱斯勒汽车公司屡遭不幸，从1970年到1978年的9年间竟有4年亏损。1978年，全世界发生石油危机，这使美国经济饱受冲击，克莱斯勒公司在这场危机中陷入了破产的边缘。1978年到1981年3年共亏损36亿美元，创美国历史上企业亏损的最高纪录。当时经济界人士认定，这家全美第三大汽车公司的倒闭厄运指日可待。正当此时，李·艾柯卡受命于危难之际，挑起了改组重建克莱斯勒公司的重担，可谓是"受任于败军之际，奉命于危难之间"。

他上任不久，就发现公司庞大的经营机构的管理极其混乱，公司许多部门纪律松弛，人心涣散，无所事事。艾柯卡首先关闭了全公司53个工厂中的20个工厂，裁掉7.4万名工人，解聘了35名副总裁中的33人，高层管理层每人减薪10%，然后重新物色雇员。一阵大刀阔斧的砍削，使克莱斯勒公司的组织构成和功能为之一新，开始逐渐步入振兴的轨道。李·艾柯卡重组了公司的组织机构，建立了公司内部各部门之间相互沟通情况的制度与渠道，解决了各自为政乃至产、供、销脱节的问题。

为了消除公司面临的困境，艾柯卡四处活动，打通上下关节，为公司争取了15亿美元的联邦政府贷款保证，为公司赢得了喘息之机。

随后，他在"通用"和"福特"之前率先引用电脑检索系统，大力宣传推广公司的产品，并从福特公司手中把他认为是最有效的广告公司争夺过来。这些改革为艾柯卡改造公司提供了基础条件。

但是，为克莱斯勒公司扭亏为盈立下汗马功劳的还数艾柯卡的产品战略，他认为产品是公司的核心，是公司的生命线。只要公司能生产出满足顾客需求而且成本低、质量优的产品，公司就能像常青藤一样长盛不衰。他分析了公司现有产品的情况，提出两点要求："成本要下去，质量要上来。"

首先，要想方设法降低成本，提高产品的价格竞争力，任何一个能降低成本的微小环节都不放过。其次，产品上推陈出新。艾柯卡认为产品是企业经营的轴心，其关键在于一个"新"字，如果不随着外部环境的变化而改进产品，那么不管有怎样优秀的领导人，也不管有多么先进的设备、多么雄厚的资金，企业都难以发展。

经过艾柯卡大刀阔斧整顿的克莱斯勒公司已经丢掉债务包袱，取得了令人刮目相看的成绩。1982年是美国汽车业20年来最糟糕的一年，但对克莱斯勒公司来说，这一年却是走向光明的一年——当年盈利1.7亿美元。1983年，公司销售额增加132亿美元，比1982年增长了近30%，盈利7亿美元，增长了31.2%。

一切都可能改变

至此，克莱斯勒汽车公司终于战胜了死神，从破产的边缘爬了起来，绝处逢生的它自然是面目一新。

企业的前进往往是踏在死去的传统之上的变革。管理创新在更大的程度上是企业内部组织结构、管理方式的革旧涤新。

翻开那些七八十年代的旧杂志浏览一下，你也许会发现许多论证"变革的挑战"的世界500强的首席执行官。这也许会令你怀疑变革本质上是否是那种附于老式录音机上的唱针，当然不是。事实上，当前"变革"这个词的用法具有复杂的含义。一方面，在旧观念中"变革"这个词是应用于描述经济、政治、技术和人口统计上的变化，这是循序渐进型的变革。另一方面，"变革"这个词近来逐渐用于表达那种由企业首脑通常要求和安排的、意义深远的组织调整。

"变革"从字面上理解是因情境的不同而变。在管理中，变革论即是指通过分析而确定在特定的环境下哪些管理理论和方法是最合适的。主张变革的500强管理者认为，在企业经营管理中并不存在一种适应于任何情形的最好方法。比如，宽松的管理并不一定比严格的管理效果好，分权也不一定比集权好，专业化经营并不总是比多样化经营好，等等。管理具有多变量性，在某种情境中采用一种管理方法能取得很好的效果，而在另一种情境中这种方法就未必有效，而采用与此相反的办法却有可能会更有效果。因此，管理就是企业经营管理者在变化着的条件下和特殊的经营环境中如何实现有效经营管理的思想和方法。

在企业管理中，依据不同的管理环境和管理对象而适宜地选择或采取不同的管理手段和方式，这是保证管理工作高效率的重要指导性原则。

环境条件、管理对象、管理目标、管理方式和手段的相互关系可由下列等式近似地加以描述：

环境条件＋管理对象＋管理方式和手段＝管理目标

从以上形象的等式可以看出：只要环境条件、管理对象、管理目标三者中任何一项发生变化，管理手段和方式都应该随之发生变化，这就是企业管理的变革原则。

在管理过程中，要保证管理工作的高效率，在环境条件、管理对象和管理目标三者发生变化时，施加影响、作用的种类和程度也应有所变化，即管理手段和方式也应该发生变化，这就是权变。

在管理对象和管理目标保持不变、环境条件发生变化的情况下，在原有环境条件下的管理手段和方式已不适应于新的环境条件，这与高效率管理所要求的"管理手段和方式应与环境条件相适应"的原则相悖，因而，管理手段和方式也应该发生改变。

在管理目标和环境条件保持不变、管理对象发生变化的情况下，施加影响和作用的接受者已经发生了变化，这种影响和作用就很难达到预定的管理目标。因而，为达到原来高效率的管理目标，管理方式和手段应跟随管理对象的不同而发生变化。

在管理对象和环境条件保持不变、管理目标发生变化的情况下，施加不变的影响和作用只可能达到原来的管理目标，要使管理目标发生变化，施加的影响和作用也应发生变化，即管理手段和方式应随管理目标的变化而变化。

在通常的企业管理中，管理目标通常不会发生太大的变化，仍须以和谐作为企业管理的目标。但环境条件和管理对象却因企业自身条件和外部条件的不同而具有很大的差异性，工厂的管理与商店的管理、跨国公司的管理与生产作坊的管理、高级人才的管理和简单劳动工人的管理等等，显然都具有很大的差异性，因而，体现在管理方式和手段上也就有着很大的不同。权变原则就是相应于管理对象和环境条件的不同，而在管理手段和方式上所做出的变化。

变革也可理解为：没有放之四海而皆准的管理方法，即没有永远最优的管理方法，任何优秀的管理方法和技巧总是相应于特定的管理对象和外部环境条件。当管理对象和环境条件发生变化时，最优的管理方法也应相应地做出改变。在此企业最有效的管理方法在彼企业不一定最有效，在此部门最有效的管理方法在彼部门不一定最有效，在此时期最有效的管理方法在未来的彼时期也不一定最有效，在此国最有效的管理方法在彼国也不一定最有效。管理方法的有效性总是与特定的管理对象和环境条件相联系。

一切都可能改变

从绝望中寻找希望

北欧航空公司自 1946 年联营以来，历经了不少风风雨雨。今天的故事就是有关北欧航空的。

20 世纪 70 年代末，客运市场突发大变，世界范围内的民航业普遍萧条，北欧联盟也和其他国家的航运公司一样，逃脱不了一连串的经济打击，在经济上蒙受了重大的损失。1979 年至 1981 年，北欧航空从每年赢利 1700 万美元变为亏损 1.7 亿美元，这种翻天覆地的变化令人瞠目结舌。

北欧航空刚开始采取的一些措施都不尽如人意。乘客继续下降，亏损仍然连续不断，看来，公司为减少成本采取的若干措施都进了死胡同。无奈之下，公司董事会对公司的领导班子进行了全面的调整，公司下属的瑞典国内民航公司的总经理，41 岁的杨·卡尔森被任命为航联的总经理。

卡尔森上台之后，针对北欧航空的状况，出台了一整套革新方案。他认为，要改变公司的现状，实现经济的根本好转，立足点不应该放在缩减、压缩成本上。削减、压缩成本是有限的，是在激烈经济竞争中采取的消极措施。要在竞争中脱颖而出，就必须采取积极的手段。在卡尔森看来，这种积极的手段就是努力开拓财源，"招徕顾客，高于一切"，只有拥有一大批稳定的顾客，才能在竞争中求胜。

当时北欧航空的乘客，大致可分为两大类：一类是由于商业需要，往返于欧洲各地的商人；另一类是到北欧游玩、滑雪和登山的旅客。由于北欧各国大力扶持旅游业的发展，对那些前来旅游的旅客给予了各方面的优待。

尽管北欧航空的乘客中，商业乘客只是一小部分，卡尔森却敏锐地发现了这一点。他决定以商业乘客为突破口，开展他的工作，招来更多的顾客。

卡尔森开设了欧洲商业旅客专用舱，取名"欧洲舱"。也就是取消头等舱，把商业乘客集中安置在与二等舱隔开的机舱前部。"欧洲舱"的设立，给商业乘客带来了许多方便，赢得了这部分乘客的好感。而公司针对商业乘客职业特殊性所采取的一系列措施也为越来越多的人所知道，从而吸引了越来越多的商业乘客。

仅 1982 年，"欧洲舱"的旅客人数就增加了 8%，当年的收入提高了 25%，取消了财政赤字。

公司的困境终于过去了，但卡尔森仍未满足。为吸引更多的乘客，卡尔森把北欧航空的旧客机整容更新，内部设施也加以更换，并且让机组人员改着时髦新装，使得乘客们顿觉耳目一新，精神也为之一振。

1982 年，法国航空公司亏损 1 亿美元以上，经营较好的瑞士航空公司完税的盈余额也只有 1900 万美元，而北欧航空公司不仅扭转了 1981 年的亏损，而且创利 7100 万美元。

每一个起死回生的公司，都有一位善于策划的决策者，我们可以讨论一下当公司陷入困境的时候，我们应该做怎样的挽救工作。首先就要诊断问题的根源在哪里。

1. 诊断问题所在，确定目标。

诊断问题所在，这是任何科学思维方法实际操作的前提。正如一位医生给病人看病，必先诊断一番，只有确定病因，才能对症下药。不知问题所在，不知行动的目标为何物，一切思考和行动都将是盲目的。目标明确，行动才有成效。目标不明确，或行动中途为了一些小事情而忽略了目标，情况就会变得非常糟糕。

温德尔·威尔基曾于 1940 年与富兰克林·罗斯福对垒，参加总统角逐。威尔基极富感召力，机智、勇敢、竞选能力强。威尔基白天乘着火车在一个个小站向数千群众发表动人的讲话，每次都有几百人听得心悦诚服。当一天结束时，他的声音已经全哑了。在竞选临近结束，他上电台向千百万人发表讲话时，只能从嗓子里"嘎、嘎"断断续续吐出一些字句。威尔基高兴之时忘记了自己的目标是向全美人民发表讲话，而不仅仅是向有限的人民讲话。

因此，目标必须明确，并时时提醒自己不要偏离目标，一切行

一切都可能改变

为都为目标服务。

2. 探索和拟定各种可能的备选方案。

目标明确之后，就要围绕目标寻找各种可能的方案，并尽可能安全。因为每一种可能的方案都有可能成为最后的决策。众多的备选方案是针对实际行为中可能出现的情况而制定的，在进行对比分析、组合、概率分析以及心理分析之后，方可选中某一方案作为最后方案。

在对待复杂事物时，要想使可能方案完备根本不太可能，使最后方案达到最理想状态也不太可能。但是，全面性的要求和努力可以预防下列两种倾向：一是要避免以偏概全、以次充好。我们虽然达不到理想状态，但向理想状态的努力，可以得到令我们最为满意的结果。二是只给一种方案，不进行选择，即认为事物的实行方案只有一种，没有其他。只有一种方案就可免除决策选择的痛苦，但是国外有一条管理人员都非常熟悉的格言：如果看来似乎只有一条路可走，那么这条路很可能是不通的。

3. 从各种备选方案中选出最合适的方案。

选择方案的具体方法有多种，其中有两种简便易行的方法。

一种叫做"经验判断法"，它通过对各种预选方案进行直观的比较，按一定的价值标准从优到劣进行排队，对全部方案筛选一遍，把达不到标准的方案淘汰掉，逐渐缩小选择的范围，最后确定出最合适的方案。这种方法需要充分运用类比、归纳等传统逻辑方法，在情况较为复杂时，往往还需要用系统思维的方法，从全局和整体着眼来决定方案的取舍。

另一种选择较优方案的方法就是思维的"求同"和"求异"活动。所谓思维的求异活动，就是要比较和看出诸方案的差异，要求自己和鼓励别人从不同角度、不同要求、不同场合、不同结果对已制订的方案提出不同的看法，以"兼听则明"的态度从各种不同的意见中吸取可取之处，并利用不同的意见启发自己更加深入地思考，从中往往又可能产生出决策的另一方案，以此保证方案的科学性、可靠性和严密性。所谓思维的求同活动，就是要利用相同的标准和准则，对诸方案从战略到战术、从客观到主观、从宏观到微观、从

第六章　勤奋改变命运，冒险改变人生

全局到局部、从目标到方法、从经济价值到社会效果及人文价值等方面进行全面的比较和周密的论证，经过同样的标准进行权衡利弊、综合分析之后，做出最后取舍。

善于发掘和利用新生事物的价值

新生事物出现之初都是冷点，但能看到冷点变化的前景，就能抢先占领一块新的市场。"新"、"奇"容易成为人们的兴奋点。因此也往往被有头脑的人作为获取财富的切入点。如果能做到既"新"、"奇"，又确实更进步、更高明，对于企业来说，这无疑是拥有了一个最"时髦"的赚钱机器。

"自动售货机前途光明！"古川久好在看到这条消息时开始动起了脑筋。他认为，当时日本还没有一家公司经营自动售货机，而将来日本必然会进入自动售货机的时代。对他自己来说，这种没有什么本钱的生意是再合适不过的了。要发财，就应该抓住这个机会。

他的事业就这样开始了！

新鲜的东西一般都会引起人们的注意。大家第一次看到公共场所的自动售货机，一种试一试的心情油然而生，纷纷往售货机里投放硬币，取出自己需要或不需要的物品。

只一个月的时间，古川久好就足足挣了100多万日元。他马不停蹄，用这100多万日元又购买了更多的自动售货机，以扩大经营规模。只用5个月的时间，他就还清了各种借款的本金和利息，净赚近2000万日元。

新生事物因为其新，所以才吸引了众多消费者的跃跃欲试，要先试之而后快，每个人都这样抱着猎奇的心理去使用自动售货机，结果可想而知，自然是越来越多的人去尝试，一试不可收拾，企业的财源也就滚滚而来。这就是新生事物的魅力。

新生事物的潜在价值还在于善于发掘和利用。再好的赚钱机器，如果不能发动、运转，它的价值最多也只是供人观赏而已。

你注意到一个奇妙的现象吗？随着社会的发展，人的生命周期正在不断延长，而产品的生命周期却在不断缩短。在美国，大约有70%的产品，市场寿命只能维持三年到五年。在日本，新产品在全国市场的占有率1951年为7%，1961年为40%，进入90年代后上升到70%以上。这种变化既有科研和生产紧密结合的原因，又有人们的享受由低档次、固定化向高档次、多变化方向发展的原因。

公司为了生存和发展，必须不断地研制新产品，进行多边经营，同时还要不断地转变产品生产方向。要体现新就要做到别人尚未想到而你先想到；别人尚未看到而你先看到；别人尚未行动而你捷足先登；别人都有的你与众不同，让自己的做法总是出人意料。

产品的开发还应当以"新"、"奇"制胜，对于一个公司来说，常规的产品与生产流程可以说是"正"，而新产品、新工艺和新的经营管理招式则是"新"、"奇"。如果一个领导者只知道按部就班，几十年如一日地从事生产经营，而不注意信息反馈，及时革新工艺，进行产品更新换代，那么，他必然会在市场的竞争中遭到失败。而一个在生产经营中不断开拓创新的公司，则始终充满着生机和活力，胜利者的桂冠将永远属于他们。

追求产品的"新"、"奇"，并非都要另起炉灶，从头做起。许多产品虽然很有用途，但在开发生产初期未被发现，人们便认为其前景不大，其实，如果生产者和经营者能够根据市场的需求，对原有的产品再开发，就能够开拓出各种新的市场。有的产品，当感到"山重水复疑无路"的时候，只要多动动脑筋，改变产品的使用方法和样式，以适应顾客的需要，便是"柳暗花明又一村"，同样能够收到好的效益。

例如，随着人们生活方式的变化，原来市场上老样式的男式圆领汗衫越来越无人问津，只有一些老人才穿它，因此人们便称其为"老头衫"。佳美针织厂原来的主要产品就是"老头衫"。由于产品积压，缺乏资金，工厂面临破产的境地。这时，厂里有一个年轻的女技术员提出了一条建议，将积压的白汗衫在其后背和前胸部印上一些美术字的警句，例如："朋友，请自尊"、"喂，别烦我"、"忍一步，海阔天空"等等，美其名曰"文化衫"，从此打开了销路。

一首好歌要有一个好曲子，一部小说要有一个好框架，一幅好画要有一个好主题，而经营企业，同样需要一个好的构想，一个好的创意。

第七章　不能改变现实，就改变目标

　　一个人只有先有目标，才有成功的希望，才有前进的方向，才能感受到成功的喜悦。

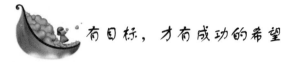有目标，才有成功的希望

一切都可能改变

美国行为学家吉格勒提出："除了生命本身，没有任何才能不需要后天的锻炼。"后被人们总结为：不管一个人有多么超群的能力，如果缺少一个认定的高远目标，他将一事无成。设定一个高目标，就等于达到了目标的一部分。

一个人只有先有目标，才有成功的希望，才有前进的方向，才能感受到成功的喜悦。

有目标的人就像展翅欲飞的鸟儿，能搏击长空。给人一个目标，就像给他一对翅膀，不仅能让他增强信心，而且也会带来乐趣，当目标实现时，那份快乐是无法形容的。

激励人们前进的，是目标和希望。

在哈佛即将毕业的一批大学生中，研究人员曾对其进行人生目标跟踪调查。在调查中研究人员发现，他们之中有3%的人曾确立了远大的目标，10%的人有明确的短期目标，60%的人对目标没有很清晰的概念，只是过好眼前的生活即可，27%的人抱着随遇而安的态度，没有目标。

20年后，研究人员惊奇地发现，那曾树立了远大目标的3%的人，完成了当初心中的既定目标，并成为了最成功的人士；那10%的人虽没有出类拔萃的成绩，但也成为社会中的上层人士；那60%的人虽然没有大富大贵，但在中下层也算是比较安稳地过日子；而那27%的人生活在社会最底层，生活条件很差。

从这组调查数据中，人们可以看到这样的现实，人们总是认为，成功是先天注定的，是与生俱来的，但事实上，许多人一事无成，并不是他们没有天才的智慧，而是因为他们缺少雄心壮志，不敢为自己制定一个高远的奋斗目标。设定一个高目标，就等于达到了目标的一部分。

我们每个人来到这个世界都有神圣的使命，虽然不一定是拯救

人类，但是一定很伟大。很多人从小就思考自己的使命是什么，这让他们能够把自己的精力集中在自己感兴趣的事情上。明确的目标可以为我们的生活指引方向，给生活赋予意义，让我们充满活力。

一个没有目标的人会活得非常迷茫，不知道前面的路在哪里。目标会给你的生活赋予意义。也许你已经确定了自己的目标，如果还没有，那就按照下面的指导制定自己的目标吧。

迅速回答下面5个问题，不要做太多思考，尽量写下浮现在你脑海中的第一想法：

你希望成为什么样的人？

你想为这个世界做些什么？

你想给别人留下什么样的印象？

通过什么途径实现自我的目标？

你想怎样做让自己与众不同？

这些答案不是固定的，你可以在任何时间加以扩充和修改。你的目标也许不完美和伟大，但是有了目标，你就可以把精力集中在最重要的事情上。

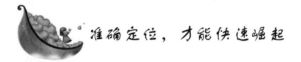

准确定位，才能快速崛起

要筑一堵墙，首先就要明晰筑墙的范围，把那些真正属于自己的东西圈进来，同时把那些不属于自己的东西圈出去。一个清晰的界定让你避免费力不讨好，同时也容易做到有的放矢。

筑墙需要明晰的界定，设定人生目标也是如此。要想设定自己的人生目标，首先要对自己进行准确的定位，只有准确的定位才能让我们快速崛起。

很多成就卓著的人的成功，首先得益于他们有着正确的自我评价和自我定位。只有对自我价值做出客观的评价，才能根据自己的实际状况给自己做最恰当的定位。为了达到比较客观地认识自己的目的，应尽可能地把自我评价与别人对自己的评价相比较，在实际

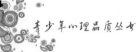

生活中反复衡量。

正确地认识自己，首先就要面对真实的自己，勇敢地接受自己、承认自己，不能因为自己有缺陷与不足而自卑、自轻、自贱。放弃对自己的偏见，因为你在生活中是会不断变化、不断发展的。

有些人不愿意承认自己的不足，没有勇气接受自己的缺陷，极力掩饰或者刻意伪装，这些就会形成病态人格，无法实现成功的人生。

认识自己，就是要认识自己的长处，同时也要认清自己的不足，接受自己并不完美的现实，从实际出发，从自己现有的条件出发，以此来发展自己，才能实现自己的人生目标。

朱明瑛是著名的歌舞表演艺术家。她集美声、民族、通俗唱法于一身，能歌善舞的特殊才华给中外观众留下了深刻的印象。她录制的唱片曾荣获过"云雀奖"和"金唱片奖"，发行量最高达 180万盒。她出访过 19 个国家，能用 26 种语言表演不同国家风格的歌舞。她那歌与舞、情与声融为一体的表演魅力，征服了世界各地的观众，在国际上享有盛誉……是什么使她取得了如此惊人的成就，赢得了观众的厚爱呢？

其中原因很多，比如坚韧不拔、吃苦耐劳的品格以及对艺术的献身精神，等等。然而，有一点是最不能忽视的，那就是她能够清醒地认识自我，为自己找到了准确的定位，注意发挥自己的特长，培养自己的特殊才能，使她无人能替代、无人能超越的特殊本领赢得了观众的心。

朱明瑛曾经这样描述她在为自己寻找定位时的心态变化："你知道吗？我曾经一夜一夜地睡不着，看着天一点一点地亮起来，内心却一点也无法平静下来。我不断对自己进行分析。我想，我乐感好，学外语的接受能力强，还有过多年舞蹈训练。我把自己的舞蹈、外语和音乐方面的才能结合起来，是可以闯出一条一边跳舞一边演唱外国歌曲的新路子的。亚非拉的艺术很需要载歌载舞。团里还没有这样的演员，我要来填补这个空白。"接着，她还引用了居里夫人的一句话来支撑自己的信念，其大意是"我应该相信，自己对某项事业有特殊的才干，并且不惜任何代价来完成这项事业"。

一切都可能改变

这个世界上，最了解你的人大概只有自己了。认识自己，发挥主动性，走别人没有走过的路，根据自己的特点，运用自己的主见，培养不同于其他人的特殊才能，就一定能成功。

每个人都有巨大的潜能，每个人都有自己独特的个性和长处，每个人都可以发挥自己的优点，成为一个光彩夺目的人，能够在自己的人生中展现与众不同的风采。

由于受各个方面条件的限制，每个人在人生有限的时间内只能谋求在特定行业中的成功。因此，在给自己定位时，一定要理解特定的行业对自己人生的意义。所有的职业无所谓好坏，关键看是否适合自己，找准了自己的定位和发展方向才能尽早崛起，到达理想中的至高境界。

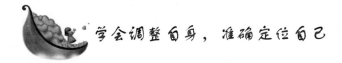

学会调整自身，准确定位自己

著名的诺贝尔化学奖获得者奥托·瓦拉赫，一生有着传奇性的色彩，正是他在化学方面的成功，使心理学家们总结出：

人的智能发展会呈现出不均衡性，每个人都有自己独特的智能强点和弱点，能够找到智能强点中的最佳点，自身隐藏的潜力便能得到极致的发挥，进而取得惊人的成绩。

有人说："如果你在某个位置上不停地努力工作，但仍然无法完成任务或者获得成功，那么，你就要反省一下，是不是不合适的定位让你成为了一个'不合格的螺母'。"在你知道瓦拉赫的经历后，你就能更深刻地认清自身特点，找准合适的位置。

瓦拉赫的父母喜欢文学，一直希望瓦拉赫可以做一位文学家，所以当瓦拉赫读到中学时，父母为他选择了一条文学之路。瓦拉赫在文学的课堂上，读了一个学期，可在期末的时候，老师为他写下的评语是这样的："瓦拉赫是个听话的孩子，也很努力，但由于过度拘泥，尽管他有着完美的品德，但依然很难在文学上崭露头角。"

父母看后，决定放弃对他文学之路的培养，送他去学油画。在

第七章　不能改变现实，就改变目标

油画的课堂上，瓦拉赫既不会构图，也不会调色，对油画的理解力也不强。期末考试的时候，他的成绩在班级中是最差的。老师给他的评语是："你是绘画艺术方面的不可造就之才。"

瓦拉赫一度被学校公认为最笨拙的学生，很多老师都认为他成才无望，但唯独化学老师认为他做事细心，具备做好化学实验的基本品格。后来，父母接受了化学老师的建议，送他去学化学。最后这个在文学艺术方面被公认的"不可造就之才"成为化学方面的高才生，并获得了诺贝尔化学奖。

人们往往喜欢效仿他人，见到他人在某方面取得了突出成就，便试图尝试着让自己也向这方面努力，但最终却以失败告终，空手而归。不是这些人的运气差，也不是他们没有付出努力，而是他们没有找到自己的最佳出发点。

现代人的智商不可谓不高，能力不可谓不强，做某件事情的条件不可谓不好，花费的时间也不可谓不多，但为什么仍然有那么多人不能按时完成任务呢？根本原因在于他们没有发现自身的闪光点，没有找到那艘能够驶向彼岸的船只。

正所谓："尺有所短，寸有所长。"找到自己的最佳出发点，简单一点说就是找到自己的优点，并加以发挥和利用。人只有从事与自己特长相符的工作时，才能实现自身资源的优化配置；反之，背道而行，如果从事的工作是自己的弱项，那必定会出现南辕北辙的现象，又何谈成功。

衡量自己的定位是否准确，不在于你付出的努力有多少，也不在于花费的时间有多长，而在于你能否认识自己，能否在某个方向找到兴趣和有效工作、学习、生活的技巧以及方法，这不是偶尔或者一次能够完成的，它需要不断地自我完善、调节，并听取他人中肯的意见。

看了上述的论述后，如果你发现自己已经找到了最佳点，这的确是一件可喜的事情，但仍然要给你一句温馨的提示，那就是即使你过去找到了最佳出发点，并不代表你现在或者将来都能够成功地找到自己的出发点，因为一个人的优点、特长并不是固定不变的，它会随着时间、年龄、环境的改变而改变。一个合适的最佳点会带

一切都可能改变

着你在某一领域取得一个高峰期后逐渐趋于平缓。所以，一定要因时因地地学会调整自身，准确定位自己！

 目标能使你看到奋斗的希望

当目标既是未来指向的，又是富有挑战性的时候，它便是最有效的。你可以为自己制定一个总的高目标，但一定要为自己制定一个更重要的实施目标的步骤。千万别想着一步登天，多为自己制定几个"篮球架子"，然后一个个地去克服和战胜它，久而久之你就会发现，你已经站在了成功之巅。

我们来到世上，就是希望快乐地实现自己的理想，我们不会满足于眼前的生活，如果我们追求的是大目标，就不会满足于我们既定的现状，就会奋斗不息，追求不止。

常言道，一个人之所以伟大，首先是因为他有伟大的目标。伟大的目标可以产生伟大的动力，伟大的动力促成伟大的行动，伟大的行动成就伟大的事业。所以说，只有拥有一个远大的目标，你才能高瞻远瞩，取得伟大的成就。

一个不想当将军的士兵，不仅永远不可能当上将军，甚至不能成为一个好的士兵。一个伟大的目标将充分发掘你身上的无穷潜力。正如高尔基所说："目标愈远大，人的进步愈大。"没有大目标的人就如井底之蛙一般没有远见，只会待在自己的一井之底里。

有大目标的人，既不会为眼前的小小"成功"所陶醉，也不会被暂时的挫折而吓倒。他们明白，在实现目标的过程中，肯定有艰难险阻，假如轻而易举就能排除，只能说明自己的目标定得太低。你要一个一个地、脚踏实地地处理前进道路上的障碍，终有一天，你会到达目的地。

倘若你没有大目标，你很可能津津乐道于眼前的得益。追求小目标只会使你顾及眼前利益，鼠目寸光。如果你只追求小目标，到时你就会发现，原来你只是空耗自己的青春，到了晚年才发现自己

两手空空。

唐太宗贞观年间，长安城西的一家磨房里，有一匹马和一头驴子。它们是好朋友，马在外面拉载货物，驴子在屋里推磨。贞观三年，这匹马被玄奘大师选中，出发经西域前往印度取经。

17年后，这匹马驮着佛经回到长安，它重新见到了驴子朋友。老马谈起这次旅途的经历：浩瀚无边的沙漠、高入云霄的山岭、波澜壮阔的大海。那些神话般的境界，使驴子听了大为惊异。

驴子惊叹道："你真是博闻强识呀！那么远的路程，我都不敢想象。"

"其实，"老马说，"我们跨过的距离是大体相等的，当我向西域前进的时候，你一步也没停止。不同的是，我有一个遥远的目标，按照始终如一的方向前进，所以看到了一个广阔的世界。而你被蒙住了眼睛，只围着磨盘打转，所以永远也走不出这个狭隘的天地。"

生活中没有大目标的人，最容易随波逐流。世界上最贫穷的人不是身无分文的人，而是没有大目标的人。只有看到别人看不见的事物，才能做到别人做不到的事情。在此，建议你按照下面的方法为自己制定一个明确的大目标。

1. 首先明确自己为什么要设定这一目标

在设定目标的同时，首先找出设定这些目标的理由。当你十分清楚地知道实现目标的好处或坏处时，便会马上设定时限来规范自己。

2. 设定实现各阶段目标的时限

时限会对行动起到催化的作用。如果没有时限来约束自己的话，很难明确在实现目标的过程中处于哪一个阶段。因此，当明确目标之后，就要设定明确的时限。

3. 列出实现目标所需要的条件

若不知实现该目标所需的条件，则会令你不知所云，不知如何下手。而明确知道实现目标所需的条件后，就能按部就班地用心执行了。

4. 把目标作为你奋斗的动力

目标能使你看到奋斗的希望，从而强化你的自信心。经过心底强化后的向往已经融入你的梦想之中。当这种向往积累到一定程度，自然会激发你的无限潜能。

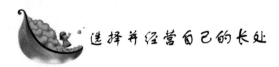 选择并经营自己的长处

美国艺术家摩西奶奶是一名普通的农场妇女，终日为琐事操劳，至暮年才发现自己有惊人的艺术天才，75 岁开始学画，80 岁举行首次个展一跃成为了美国最多产的原始派画家之一。

选择人生目标的要诀之一，是选择并经营自己的长处，只要这样去做，即使年龄再大，也能有所成就。

丧失了自己的天赋是很多人无法取得伟大成就的重要原因之一，对此我们要清醒地对待。在这个世界上，有多少初入社会的人，由于对自己的认识不够，定位不准，急功近利，而成为一个普通人，这不能不说是个遗憾。

发挥自己的天赋才能的过程，从根本上说，是一个"认识自己情趣所在"的过程。世界上没有两片相同的树叶，人一生下来就是独特的，与众不同的。所以，你的个性是客观存在的，你很难改变它，最好是去发现它。无论你最终是工人、农民、军人、艺术家、医生、企业家，还是律师、广告人，只要你做着自己感兴趣的工作，你就会获得成功！

一位游客来到了天堂，天堂美丽的景色把他迷住了。他流连忘返，信步漫游来到了一座宫殿前，里面传来阵阵仙乐。游客不由自主地迈步走了进去，看见里面正当中坐着圣徒彼得，周围还有一群身穿洁白衣服的天使，圣徒彼得见有人进来，就问游客有什么事情。

"我可以见见曾经在人世间最伟大的将军吗，尊敬的圣徒?"游客说。

"喏，就是这位。"圣徒彼得顺手一指立在身旁的一位天使。

"但是，尊敬的圣徒，他不是最伟大的将军，他在人世间只是一个普通的鞋匠。"游客辨认了一会儿，很肯定地说。

"是的，你说得对。可是他原本应当是最伟大的将军，只是因为他选错了职业。"圣徒彼得很惋惜地说。

人有些时候就是这样，鞋匠本来具有将军之才，却因为没有最大限度地发挥自己的天赋才能，没有认识到自己的能力，而没有成为世界上最伟大的将军。很多人不敢去追求成功，不是追求不到成功，而是因为他们缺乏自我认识，丧失了自己的天赋。

那么，在生活中如何能够找到自己的天赋才能，做适合自己的事情呢？其实，你自己的兴趣就是天赋才能。兴趣，源自于好奇心、求知欲，它是推动一个人不断进步的内在动机，在很大程度上甚至可以决定一个人的一生道路。丁肇中博士说过："任何科学研究，最重要的是要看待对于自己所从事的工作有没有兴趣。"一个人的兴趣一旦巩固下来，就会变成坚不可摧的物质力量，使人废寝忘食，将身边琐事统统置之度外，外力很难改变，所以兴趣正是天赋之所在。

只有兴趣，才会给你提供锲而不舍的动力，从而使你这方面的天赋得到开发，这是许多人成就大业的秘诀。这些成功者只不过认识了自己，找到了自己真正"适合"和"热爱"的东西，进而心无旁骛地奔向自己的目标。

文艺复兴时期英国最伟大的剧作家莎士比亚曾经说过："在这个世界上，你是独一无二的，这是最大的赞美。"千人一面，各有长短，所以，你应该根据自己独特的优势去走独特的人生路，追求独特的事业。只有坚持自己独特的方式，你才能成功。

你应该去探索自己的性格深处，考虑自己究竟有什么才干和天赋，什么地方能够做得最出色，与自己所认识的人相比，自身的长处是什么。对于你自己方方面面的优势都要考虑全面，然后用笔清楚的写下来，并据此制定你未来一段时期的奋斗目标！

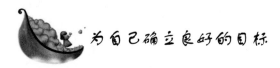

为自己确立良好的目标

美国著名的心理学家罗森塔尔曾经做过一个实验，他要求老师们对他们所教的小学生进行智力测验。测验之后，他列了一个名单，说这些学生智力超群，以后一定会取得伟大的成就。其实，这些学生是随机选出的。可是，几个月后，再次对这些学生进行智力测验时，他们的成绩明显提高。

罗森塔尔由此提出：当我们对某件事情怀着强烈期望的时候，我们期望的事物就会出现。当我们对自己抱有期望的时候，我们就会朝着自己期望的方向发展。

罗尔斯出生在贫民窟，在肮脏、暴力和低俗的环境中，他和其他孩子一样，学会了偷窃、打架，甚至吸毒。有一天，罗尔斯所在小学的校长保罗声称自己能看到孩子们的未来。

罗尔斯好奇地伸着手走向讲台。保罗看了看他的手说："天哪！你的小拇指如此修长，这是州长先生才有的特质！"罗尔斯脑袋里浮现出自己是州长的样子。

三十多年后，罗尔斯真的成了纽约州第一任黑人州长。

心理学家曾提出过这样的问题，你的梦想是否会影响你的行为？经过各项调查研究发现，个人的梦想对个人的行为有着很大的影响，无论生活中人们认为某件事情的方法是科学、正确，还是荒谬、无知，个人的思想都会影响着他们的行为，这既是人的天性弱点，也是人的优点。

提起篮球飞人乔丹，几乎无人不知无人不晓。他从小便喜爱篮球，梦想便是进入象征着篮球最高层次的 NBA。他 17 岁那年报考了高中球队，但却因为身高只有 1 米 78 而被教练组否决。乔丹默默无语地望着篮球场，打篮球的梦想让他再一次找到教练，他诚恳地对教练说："你可以不让我上场比赛，我只要求你让我和他们一起练球，我愿意为他们做一切事情，倒水、擦汗、整理球场……"教练被他的诚恳打动，答应了他的请求。

乔丹每天第一个来到篮球场上练球，最后一个离开篮球场，坚持了 3 年。3 年后，乔丹顺利地进入了大学的篮球队，当时他的身高竟然惊人地长到了 1 米 98，这为他日后成功地进入 NBA 打下了坚实的基础。

乔丹在篮球场上的经历，让人们深刻地感受到，梦想和成功之

177

间有着密切的联系。一个人只有拥有梦想，并激发内心深处的无限潜能，才能获得希望，获得实现梦想的机会。

拿破仑曾经说过："不想当将军的士兵，不是好士兵。"不只在战场上，在人生的道路上也的确如此。每个期望成功的人，都会提前为自己树立一个远大的梦想，因为没有梦想，就没有奋斗的激情，也便无所谓成功。

人们在生活中能不能成功做好一件事情的主要因素并不在于他的个人能力有多大，而关键在于他对该件事情所持的态度是否积极、是否有着浓厚的兴趣。

爱迪生说："快乐人生有三大要素，即必须有所作为，必须有所爱，还必须要有所期待。"无论是谁，只有从内心深处对某件事情充满期望，才会更好地付诸行动。有梦才会有希望，才能够获得成功。

人生是一段很长的旅行，而梦想在其中扮演的角色便是旅行过程中所要到达的目的地。当你踏上行程时，首先要确定行走的方向，确定了方向，才不会迷失自我，才能有充足的动力去克服旅途中遇到的各种艰难险阻。

在追逐梦想的过程中，每个人都可能遇到不尽如人意的事情或难以实现的目标，但这并不可怕，只要你保持乐观的心态，树立自己的标杆，并时刻保持清醒的头脑，知道自己想要什么，你内在的潜能便会被激发，进而驱使你完成你的理想。

此外，还要为自己确立良好的目标，积极主动地唤起自己的求胜心理，当自己实现暂时性的梦想时不要满于现状，可以重新确立另外的梦想，寻找新的希望，并不断朝着该方向前进。

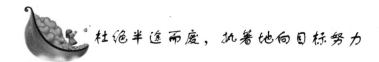

杜绝半途而废，执着地向目标努力

半途就是我们所说过程的一半。心理学家研究表明，当人们对一个目标的追求做到一半时，常常会对自己能否达到这一目标产生怀疑，甚至对这个目标的意义产生怀疑，此时心理会变得极为敏感和脆弱，进而导致无心继续的一种负面影响，最终很可能以半途而废收场，这样的现象心理学上称之为"半途效应"。

大量事实表明，半途效应会在人们实现目标的行为过程中，制造出一个极其敏感和脆弱的活跃区域。在这个"活跃区域"内，我们一定要认清事实，作出客观的判断，并拥有坚定的毅力，才能克服这个"活跃区域"可能出现的各种起伏情绪，稳住阵脚，杜绝半途效应，执著地向着目标努力，以致取得最后的成功。

传说在很久很久以前，知了不会飞。一天它看见一只大雁在天空自由飞翔，很羡慕，于是就请大雁教它学飞。大雁答应了。

大雁一步一步地教它，说："你把翅膀抬起，用力扇动来练习力气，等你翅膀有力了，自然就会飞了。"过了几天，知了对这单一的动作不耐烦了，心不在焉。大雁看出了它的心思说："想要学习某样本领就要不怕苦不怕累，持之以恒，不要半途而废。"但知了对这些话一点都听不进去。大雁用了很多激将法，一会儿给一颗糖，一会儿给一块树皮，但这只是暂时的，过了几天知了又开始不耐烦了，大雁看了，摇了摇头，飞走了。

知了艰难地爬到了树上，气喘吁吁，满头大汗。大树对知了说："你学会飞的本领，来我这儿就不费吹灰之力，而且可以飞遍整个森林，从这棵树飞到那棵树。"知了听了这话，不好意思地再次找到了大雁。

大雁原谅了它。又开始教它了。知了起早贪黑，不辞辛苦，一心想学会飞，它持之以恒，不怕苦不怕累，努力地学着。过了几天，它不费吹灰之力飞到树上，它能从这棵树飞到那棵树了。真的，它能飞遍整个森林了。它非常高兴，不停地发出尖锐的叫声，这就是世界上第一只会飞的知了。从此以后。它的家族也有飞的本领了。

一般来说，导致半途效应的原因主要有两个：一是目标选择的合理性，目标选择得越不合理，越容易出现半途效应；二是个人的意志力，意志力越弱的人，越容易出现半途效应。

那么，要如何才能克服这种半途效应呢？行为学家提出了"大目标、小步子"的原则。"大目标"就是指事先做好评估，预计通过行为要取得的卓越成效和结果。放在求职中，可以说找到一份适合自己的、能够使自己充分发挥个人能力的工作就是这个大目标；"小步子"就是一步一个脚印。人们常说"心急吃不了热豆腐"就是这个道理。世界上没有一步登天的事，特别是找工作时，只有戒骄戒躁，扎扎实实地走好每一步，才能有足够的把握去实现自己的目标。

在日常的学习工作中，克服半途效应，除了找准目标、脚踏实地外，还应该注意做到以下两点：

1. 加强知识和能力的积累

注意各方面知识的学习和多方面能力的培养，有了足够的知识和能力，我们才能给自己制定准确的职业规划。

2. 锻炼自己的意志

要注意磨炼自己的意志，求职中难免会遇到困难和挫折，此时，绝不能轻易退缩或逃避，而是要以积极的心态去面对，想办法把困难和问题一个一个地解决掉。

做事半途而废，在生活中随时可能出现，我们一定要努力克服，让自己远离这种消极的状态，积极备战，坚定不移地向自己的理想进发。

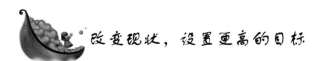

改变现状，设置更高的目标

有一次，罗格到上海出差，顺便拜会了一个大学同学。罗格的这个同学，毕业后去了上海，找了个好工作，又娶了位好太太，生活得很好。有一次罗格到上海出差顺便去看了他，他带罗格到香格里拉饭店用餐。他虽不缺钱，但也没有富到可以随便去香格里拉饭店的程度。所以，罗格对他说："都是老同学了，随便找个地方吃点算了。"他看出了罗格的意思，便说道："我不是打肿脸充胖子，到这地方来对你对我都有好处。"罗格不解地问："为什么？"他说："只有到这种地方来，你才会知道自己包里的钱少，你才会知道什么是有钱人来的地方，才会刺激自己努力改变现状。总去小吃店，你

一切都可能改变

就永远也不会有这种想法，我相信只要努力，总有一天我会成为这里的常客。"听了他的话罗格深有感触，他那种一定要改变的生活态度是值得我们学习的。

失败的人有失败的心态，成功的人有成功的心态，心态影响思想，思想影响行为，这是一连串的因果效应。连想让自己生活变好的心态都没有的人，无论在生活上还是事业上都是不可能取得成功的。

美国某铁路公司总经理，年轻时在铁路沿线的三等列车上做管理制动机的工作，周薪只有 12 美元。有一位资深的工人对他说："你不要以为做了管理制动机的工人，便趾高气扬。我告诉你，起码要在四五年后，你才会升做车长！那时你还得小心翼翼，以免被开除，如此才可安度周薪一百美元的一生。"可是他却冷冷地答道："你以为做了车长，我就满足了吗？我还准备做铁路公司的总经理呢！"

美国钢铁大王卡耐基，少年时代从英格兰移民到美国，当时他真是穷透了，正是"我一定要成为大富豪"这样的信念，使得他于 19 世纪末在钢铁行业大显身手，而后涉足铁路、石油，成为商界巨富。

英国新闻界的风云人物，伦敦《泰晤士报》的老板北岩爵士，在刚进入报业时，就不满足于周薪 90 英镑的待遇。经过不懈的努力，在《每日邮报》已为他所拥有的时候，他又把取得《泰晤士报》作为自己的努力方向，最终他猎狩到了他的目标。

很多事情都是相通的，设置目标有其规范化的流程，既适用于企业，也适用于个人。我们再来看设定目标的几个步骤：

1. 确定你的起跑线

确定我们的起跑线，即我们准备要干什么。首先要明确这个目标你是不是非常想达到，这是一个关键的因素，如果没有强烈的欲望，这个目标是很难实现的。

有了明确的目标，我们就有了努力的动力，有了不断进取的决心。明确的目标就像一个看得见的射击靶。当你制定出了切实可行的目标，你会发现自己充满了活力，你会知道你的方向在哪里，并且能全力以赴地为之努力。当然，你的人生也会因此而大有改观。

2. 目标具体化

把目标的每个细节都列出来。在制定目标的这个阶段，让自己最珍贵的财富——大脑，变得全神贯注，对自己的目标了如指掌非常重要。

因此，你的目标应该全部是可以量化的，可以衡量的。你的目标可能是："在现有产品的基础上，设计出升级产品"。那么，你到底希望这个升级产品具有什么样的新功能？升级产品是否保留有和老产品风格一致的外观设计？你希望谁来负责这个项目？整个项目的工期要多久？如果竞争对手率先推出和你们差不多的升级产品，你该怎么应对？

要相信，人们内心构想的、能看得到的，相信其存在的东西，一定会促使人们去实现。

3. 把整体目标分解成几个易记的目标

把整体目标分解成几个易记的目标。把一个目标分成了几个目标，看似复杂了，其实这是一个最为有效的以退为进的方法。其实我们每个人都可能用过这个方法，只是你不曾发觉而已。

1984 年，在东京国际马拉松邀请赛中，名不见经传的日本选手山田本一出人意料地夺得了世界冠军，当记者问他凭什么取得如此惊人的成绩时，他说了这么一句话：凭智慧战胜对手。当时许多人都认为他在故弄玄虚。马拉松是消耗体力和耐力的运动，说用智慧取胜，确实有点勉强。

两年后，意大利国际马拉松邀请赛在意大利北部城市米兰举行，山田本一代表日本参加比赛又获得了冠军。记者问他成功的经验时，性情木讷、不善言谈的山田本一仍是上次那句让人摸不着头脑的话：用智慧战胜对手。

十年后，这个谜终于被解开了。山田本一在他的自传中这么说：

每次比赛之前，我都要乘车把比赛的线路仔细地看一遍，并把沿途比较醒目的标志画下来，比如第一个标志是银行，第二个标志是一棵大树，第三个标志是一座红房子，这样一直画到赛程的终点。比赛开始后，我就以百米的速度奋力地向第一个目标冲去，等到达

一切都可能改变

第一个目标后又以同样的速度向第二个目标冲去。40多公里的赛程，就被我分解成这么几个小目标轻松地跑完了。起初，我并不懂这样做的道理，我把我的目标定在40几公里处的终点线上，结果我跑到十几公里时就疲惫不堪了，我被前面那段遥远的路给吓倒了。

学会把目标分解开来，化整为零，变成一个个容易实现的小目标，然后将其各个击破，是一个实现终极目标的有效方法。

4. 评估你目标实现的情况

公元1世纪有句欧洲格言："不容许修改的计划是坏计划。"每个目标在设置的时候，皆无法确定自己究竟走向何方；无法完全清楚究竟该如何达成目标。所以，定期评估你目标的进展，是非常重要的。随着你计划的进展，你一定会在其中发现很多的问题。这些问题往往是决定性的，这就要求你有所改进，有所行动。其实，目标的实现过程也是你不断进步的过程。只要你不断地进步，在正确的行动轨道上前进着，你离成功也就不会太远了。

改变现状，设置更高的目标，这是一个人的意识问题。某些人对现状心满意足，一心一意想要继续维持下去。然而，"要维持现状"这种观念是采取"守"的态度，它终究只是一种消极的态度，而没有积极向前的动力，成长便会停顿。

不要满足于现在的自己，只有要求更好，时时努力超越自己，才能描绘出更壮丽的蓝图。

第七章　不能改变现实，就改变目标

第八章　信念激励开拓，进取改变世界

　　"有所得必有所失"。在必要的时候，宁肯后退一步，做出必要的自我牺牲。这时的舍得未尝不是一种明智，它也是另一种拥有。

人生要进取，也要懂得及时放弃

金属工件加热到一定温度后，浸入到冷却剂（油、水等）中再经过冷却处理，工件的性能往往会更好，也更趋于稳定。引申到心理学的层面，是指对于麻烦事或是已经激化了的矛盾，不妨采用"冷处理"的方式，搁置一段时间后，会让思考更周全，办法也会更可行。后被人们总结为：只有舍弃那些不切实际的追求，才能把有限的精力集中到自己能够成功的事业上。

真正富有胆识的舍弃，就是让人最大程度地追求自己的理想，不被现实生活中那些阻碍自己人生目标的力量所驱使、所异化。

但生活中我们又有多少人懂得及时放弃？比如，有时候，人们明明知道自己的选择错了，但是仍然在坚持着，或者等机遇的出现，或者等待上天的垂怜。然而，在这个过程中，他们又错失了其他的机会，结果一事无成。

放弃并不完全代表着失败和气馁，务实的放弃是为了更少地失去。有时，选择了放弃，也便选择了成功和获得。实践证明，孤注一掷的自谋生路者大多走出了一条新路，骑牛找马的结果却很难找到马，虚度了人生中的黄金时间。

两个贫苦的女人上山挑柴，在山里发现两大包棉花。两人喜出望外，棉花价格很高，将这两包棉花卖掉，足可供家人一个月衣食。当下两人各自背了一包棉花，便欲赶路回家。

走着走着，其中一个女人眼尖，看到山路上扔着一大捆布，走近细看，竟是上等的细麻布，足足有十多匹。她欣喜之余，和同伴商量，一同放下背负的棉花，改背麻布回家。

她的同伴却有不同的看法，认为自己背着棉花已走了一大段路，到了这里丢下棉花，岂不枉费自己先前的辛苦，坚持不愿换麻布。

先前发现麻布的女人屡劝同伴不听，只得自己竭尽所能地背起麻布，继续前行。

又走了一段路后，背麻布的女人望见林中闪闪发光，待近前一看，地上竟然散落着数坛黄金，心想这下真的发财了，赶忙邀同伴放下肩头的棉花，改用挑柴的扁担挑黄金。

但同伴仍是那套不愿丢下棉花，以免枉费辛苦的论调；并且怀疑那些黄金不是真的，劝她不要白费力气，免得到头来一场空欢喜。

发现黄金的女人只好自己挑了两坛黄金，和背棉花的女人赶路回家。走到山下时，无缘无故下了一场大雨，两人在空旷处被淋了个湿透。更不幸的是，背棉花的女人背上的大包棉花，吸饱了雨水，重得无法背负。那女人不得已，只能丢下一路辛苦舍不得放弃的棉花，空着手和挑金的同伴回家。

对于进取者而言，一味地追求所得与所获而不想付出任何代价是不可能的。当生活在欲求永无止境的状态时，将永远都无法体会到生活的真谛，一味地追逐只会负重愈久愈沉。人生有舍才有得，想要得到更多，首先要做好失去更多的准备。

恰到好处地放弃饱含着丰富的人生智慧。当一个人能不为世俗的微功小利煞费心机的时候，他才有可能认真思考自己真正需要的一切，才有可能避开身边无谓的争斗和纷扰，而积蓄起奋发的能量。

"有所得必有所失"。在必要的时候，宁肯后退一步，做出必要的自我牺牲。这时的舍得未尝不是一种明智，它也是另一种拥有。

恰到好处地放弃是一种境界，是历尽跌宕起伏之后对世俗的一种淡定，是饱览人间沧桑之后对物欲的一种从容，是运筹帷幄、成竹在胸的一种流露。只有在了如指掌之后才会懂得放弃并善于放弃，只有在懂得并善于放弃之后才会获得大成功。明智地放弃，有时就是最好的选择。

 勇敢地去开拓前进的路

迪斯尼乐园的创办人沃尔特·迪斯尼是美国动画片导演兼制片厂经理，这位"娱乐大王"迈向事业顶峰的转折点是筹划建筑"迪

斯尼乐园"。

　　沃尔特的乐园计划遭到了主管财务的洛依和公司同事的反对，他们认为搞这项耗资巨大的工程简直是异想天开。沃尔特又派4名职员周游美国各地，收集人们对修建公园的意见。4个人收集回的意见一致认为沃尔特太"狂妄"了。沃尔特不为所动，决定按既定方针干到底。正如他所喜爱的作家马克·吐温说的"怪人是想法新奇的人——直到这想法实现"，像很多成功的富豪一样，沃尔特拿出了极大的勇气和内在能力蔑视周围的一切。

　　这时，沃尔特对乐园的热情已经大大超过了电影。沃尔特说："以前我们兴旺发达，那是因为我们敢于冒险尝试新事物。我们的公司不能止步不前，我要搞出新东西来，我要把我的才能和精力都投到电视节目中去……这是了不起的事业，是娱乐界的一种新构想，这是全世界绝无仅有的东西，一定会成功的。"

　　迪斯尼乐园里的特别设施以戏剧化方式表现创立美国的理想和艰苦事实，用以激励全世界。迪斯尼乐园的巨大成功标志着沃尔特的事业达到了巅峰，而他追求事业的恒心却丝毫没有改变。

　　成功者敢于向权威人物和僵硬的原则提出质疑，他们具有创造性的想象力和勇气，能够勇敢地开拓新路，因而他们最终成为了出类拔萃的人物。他们没有被师友们以前盲从的那些束缚人的规范和标准捆住自己的手脚。

　　歌德曾经说过：你能做什么或希望做什么，那就做起来。因为勇敢出力量，勇敢出奇迹，勇敢出天才。

　　森林里，住着三只蜥蜴。其中的一只看到自己的身体和周围的环境大不相同，便对另外两只蜥蜴说："我们住在这里实在太不安全了，要想办法改变环境才可以。"说完，这只蜥蜴便开始大兴土木。另一只蜥蜴看了说："这样太麻烦了，环境有时不是我们能改变的，不如我们另外找一个地方生活。"说完，它便拎起包袱走了。第三只蜥蜴，也看了看四周，问道："为什么一定要改变环境来适应我们，我们为什么不改变自己来适应环境呢？"说完，它便借着阳光和阴影，慢慢改变起自己的肤色。不一会儿，它就慢慢隐没在树干上了。

　　三只蜥蜴面对同样的环境选择了不同的做法。企业对外部环境

一切都可能改变

的适应也像那三只蜥蜴一样有着不同的选择，有的主动改变环境，有的逃离环境，也有的主动改变自己去适应环境。当然，第一种方法需要自己有较强的实力，一般企业根本无法企及；第二种方法则是自欺欺人，环境虽大，可逃的地方终究少，逃避解决不了任何问题；而第三种从自身下工夫的方法才是人所称道的。

在竞争激烈的现代市场环境中，那些不肯改变自己的企业只能被市场淘汰。

成功者和失败者都有自己的幻想。但失败者往往是一生空想，从不付诸行动，而成功者却比较实际。他们采取行动，朝着自己的目标勇敢攀登。他们没有时间去空想，因为他们决心把希望和"野心"变为具体的现实。

成功者具有坚韧不拔的勇气和毅力以及顽强不屈的革新精神，再大的困难也吓不倒他们。面对种种阻力，他们艰苦创业，勇于开拓，坚定不移地走自己的路。成功者都有一个共同的重要品质，那就是坚信自己的能力，而不管别人说三道四。研究一下知名人士的早期生活我们可以发现，他们最后获得的成功事业，过去也曾遭到过他们的老师或同事的反对和阻拦，但是，他们勇敢地顶住了反对意见，因而获得了最终的成功。

懦弱对企业的经营和个人的事业都相当不利。一个人的成功，必须具备的要素很多，其中有一条就是勇敢无畏。不勇敢的人，什么事情都做不成。作为普通人，不可能因祸得福一举成名，但如果活在担忧惊恐中，一天到晚愁眉不展，一天到晚尖声惊叫，看见这个不敢，看见那个害怕，就会活得很累、很苦，就会一辈子不开心，一辈子不顺利，一辈子不成功。法国思想家拉罗什福科说："软弱甚至比恶行更有害于事业。"一个人如果发现自己身上有这种心理缺陷，就要设法改造它，使自己变成一个勇敢的人。

许多有野心的人之所以没有成功，其主要原因就是性格上的懦弱，怯懦是成功道路上的一大障碍。具有懦弱心理的人，一生中永远做不成任何有价值的事。虽然他们也想当一个了不起的人，独立自主，干一番大事业，但他们做不到。

宋代诗人范成大在《自箴》一诗里说："痴人妄认逆境，平地自生铁围。"意思是说，懦弱的人荒谬地认为，自己身边到处都是逆境，就像是平地里生出铁栅栏一样。这些人生活中可能的确是遇到了一些挫折，但并不一定是什么大不了的逆境，可他们总是怀疑自己命运多舛，从而丧失了对生活的信心。他们缺乏自信心，遇事犹豫不决，缺乏勇气和冒险精神，不能迅速把握时机，所以总是与成功擦身而过。

懦弱者遇到失败，总会找出种种理由，告诉别人不是自己胆小怕事，而是困难确实是自己主观和客观上都无法克服的，甚至为了保全自己的面子，还不惜扭曲事实，伤害别人，把失败的原因一股脑儿推到他人身上。他们已经习惯了这种随意编造事实来掩盖真相的做法，因而不肯承认自己是失败的人。所以，他们是永远不会从失败中爬起来，最终取得成功的。

懦弱和胆怯使人的视线缩短，四肢退化，思维被囚，灵魂被缚。于是，胆怯的幽灵出来说：你看，怎么样，我劝你不要攀高枝，你原是没有四肢的；我劝你不要瞻远途，你原是缺乏深远眼光的……

驱逐懦弱和胆怯，亦即驱逐一切的束缚和偶像，亦即恢复人生的理性态度和本质肖像。你本不必瞻前顾后，犹豫不决，你本该勇敢地去开拓前进的路！

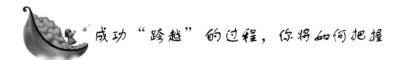

成功"跨越"的过程，你将如何把握

在成功心理学中，人们把关键因素所引起的本质变化现象，称之为沸腾效应。这犹如烧水烧到99℃时，还不能算开水，其价值有限；若再添一把火，在99℃的水温基础上再烧使它再升高1℃，它就会使水沸腾，并产生大量水蒸气可用来开动机器，从而获得巨大的经济效益。这里的1℃就是关键的因素，这1℃就能使水发生质的变化，从液体变化为气体。

人生的那个坎有时候仅仅只需一步，你就能跨过去。如果你坐在坎边守株待兔般等着它自生自灭，只能蹉跎岁月，熬白头发，唯有想办法跨越它，才是明智之举。人生，没有永远的坎儿，一切都会过去，该结束的总要结束，关键是那个"跨越"的过程，你将如何把握。

看过拳击比赛的人都知道，拳击场上，被重重的一拳击倒在地，很痛的感觉，也许觉得自己真的不能起来了，想着比赛能不能就此停止，能不能就这样休息一下……可是，他总是要站起来面对的，站起来了就是赢。

行走在生活的道路上，不经意间，眼前忽然冒出了一个坎儿，横在路中间，挡住了前进的脚步。别担心，这不足以绝人之路，要摆脱眼前的"坎儿"，成功跨越，我们就只能自助，让自己尽可能地轻松地迈过这一步。

在 2008 年北京残奥会上，22 岁的刘文君取得了田径 4 个项目的参赛资格。她没有辜负众望，在 2 个项目中获得了一金一银的好成绩。

刘文君在 2 岁时因车祸截去整条右腿，从小她就不愿拄拐杖。凭着打小练出的单腿蹦跳行走的本领，她能拎着一桶水从锅炉房走到澡房，而且毫不费力。正是这种磨炼，让她具备了后来从事轮椅竞争必需的臂力。

上学时，刘文君就是个坚强活泼的女孩。校园里，总能看到她骑着自行车呼啸而过的身影，这身影成了校园里最靓丽的一道风景线。她从不轻易接受同学们的帮助，"我自己来！"是她说得最多的一句话。

从小到大，她经历过太多的苦难，但每一次只要她将目光投向远方，她都会咬紧牙关告诉自己："没有什么大不了，我一定能冲得过去。世上没有过不去的坎儿，只需要一步，就能接近梦想。"

这样的刘文君，又怎么会不成功呢？

哪个人不是在一次又一次的打击中长大的？弱者在打击中败落，强者在打击中愈加坚强。既然这样何不做个强者？世上没有爬不过去的山，没有渡不过的河，没有迈不过去的坎儿。迈过去，只需要一步，你就能看到陌上花开的妖娆景致了！

191

内心淡定，一切皆为过眼浮云

解放前，在上海的街面上有个靠行乞为生的乞丐。他每天挎着竹篮乞讨，受尽了他人的白眼和脸色，日子过得捉襟见肘，内心也好不如意。他一度想过轻生。一天，他在乞讨的时候，正好赶上国民党政府发行彩票，只需 300 个铜板即 1 块银元便能换 1 张彩票，而头彩奖金是 500 块银元。乞丐想这可是一笔不小的数目，要是能中头奖，这辈子就发达了。

为了改变命运，乞丐把他乞讨来的铜板积攒起来，终于攒够了 300 个铜板，买了 1 张彩票。长期的乞讨生活，使他衣衫褴褛，口袋也是漏的，他顺手就将那张彩票放进了乞丐的竹篮里。

一个月后彩票开始开奖了，乞丐惊奇地发现自己中了头奖，他欣喜若狂地大声呐喊："我以后就是有钱人了，不用再去讨饭喽！"他兴高采烈地前往银行兑换，途中路过白渡桥。他望着桥下苏州河里自己的影子，不由挺直了腰杆，昂起头，整理了一下破烂的衣衫，情不自禁地感慨道："啊！正所谓'三十年河东，三十年河西'，谁能想到中头奖的人，竟然是我——一个穷要饭的！我还要这破竹篮干什么！"他顺手将竹篮扔进了河里。瞬间，湍急的河水将竹篮冲走。

他趾高气扬地来到银行，银行职员向他索要彩票，他找遍了全身也没找到，忽然他想起自己将彩票放在了竹篮里，而竹篮被河水冲走了。他顿时放声痛哭。

有人说乞丐就是这个命，天上掉馅饼都改变不了他的命。命中注定他不能大富大贵，只能做乞丐。其实，命运是由自己的心态决定的。假如他在好运光顾他的时候，没有做得太得意忘形，没有将竹篮扔进苏州河，他的命运便可能因此而得到好转。

这个故事后被人们引申为：

人生在世，酸甜苦辣、悲欢离合，逆境、顺境都有可能经历，

当这些经历发生的时候，要用淡定的心态来面对。

淡定，是一种超然的人生境界，是一种波澜不惊的人生态度，更是一剂自我豁达处世的良方！

俗话说："人生不如意，十有八九。"所有的经历都不会被浪费，都是人生的必要体验。既然命运无法摆脱，一切都是天注定，那么何不在淡定中将生活提纯，因为只有纯净的人生才会多姿多彩的！如果一件事的发生是必然的，你毫无选择，那么至少你可以选择对待困境的态度。生活中有很多事情都是你无法决定的，但如何对待生活的态度则是完全由自己决定的。当困境发生时，以淡定的心态去面对，也许是最好的方式！

虽然，人生有时也会掀起巨澜洪波，但最终还是要归于平静。滴水的归宿是海洋，因为最深沉的地方往往是波澜不惊的，而喧嚣的地方总是向世人显露出浮躁和无知。

淡定是一种气概。心的宁静是自我解救的方式，面对困境的出现，要逼迫自己安静。安静，再安静！静，方能让你不会因为生活的一时波澜，乱了分寸，偏离了轨道！

因为有着淡定的性情，不再伤感于花开花落的无奈。淡定自若、淡然若定、淡定弥坚……淡定地面对人生是一种难能可贵的生活方式，心生淡定可坐看尘世风起云涌，笑对人生得失去留。在淡定中完善并成长，回首时已然不再振翅难飞。

当源自内心的淡定越来越清晰时，一切皆为浮云过眼。淡定可以让你在面对生活困境时，无论对方多么强大，都能波澜不惊，以柔克刚，克敌制胜。生活中，如果我们能够悟出淡定的理念，抛却尘俗，练就那份恬静，那份沉稳，就一定能够拥有坦然生活、遇波澜而不惊的处世智慧！

 拥有上进心，去追求自我实现

193

在我们最得意的时候，我们通常会害怕起来。因为我们既害怕正视自己最低的可能性，同时也害怕自己潜力所能达到的最高水平。

《圣经·旧约》有一个故事。

有一名虔诚的基督教徒约拿，一直非常渴望得到神的差遣。终于有一天耶和华交给了他一项光荣的任务，以神的旨意去赦免一座本来要被毁灭的城市。然而，面对这项梦寐以求的使命，约拿却选择乘船逃跑。

上帝交给约拿任务，这本是一项崇高的荣誉，也是约拿一直所向往的。而一旦理想成为现实，他又产生畏惧，害怕自己无法胜任，并想办法回避。后来，"约拿"一词被用作指代那些渴望成长同时又害怕成长的人。

美国心理学家马斯洛借用《圣经》中的这则故事，提出了"约拿情结"的概念，说的是人不仅害怕失败，同时也害怕成功。

这种情结导致人们不敢去做自己能做得很好的事，甚至逃避发掘自己的潜力。在日常生活中这种行为表现为缺少上进心。这种对成长的恐惧，也称之"伪愚"。

每个人都希望在生活工作中实现自我，即对成长的渴望、对提高自我并且实现自我的冲动、对发挥自己潜能的愿望。可实际上，大多数人并没有实现自我，没有充分发挥自己的潜能和实现自己的内心愿望。

约拿情结正是阻碍自我实现的心理障碍因素之一。怀有这种情节会使人抑制自己的追求，从而阻碍着人们的成功步伐。

人们存在着一种"健康无意识"的心理机制，"人们不仅压制自己危险的、可怕的、可憎的冲动，也常常压制美好而崇高的冲动"。我们的行为因受到周围环境的影响，会把自己真实的个性特点隐藏起来，而迎合社会中普遍流行的观点和行为方式。比如，当生活的环境视天真纯情为幼稚可笑，视诚实为轻信，视坦率为无知，视慷慨为缺乏判断力，视同情心为廉价盲目，视善良为懦弱时，我们就会隐藏自己其中的一面。

所以，在一个谦虚被称为美德的国家，大家都喜欢"低调"的言论和行动，而讨厌甚至敌视喜欢"高调"行事的人。而人们的本性又都有追求成长，渴望成功和自我实现的内心冲动，在此冲动的作用下，人们为了自己的目标或理想而努力奋斗，人们都希望表现出自己优秀的一面，希望得到认可。但长期的生活实践告诉他们，张扬的个性和行动是不受欢迎的，所以大多数人总要像变色龙一样披上谦虚的外衣，隐藏自己的真实情感，以防冒犯别人和遭到众人的敌视，从而抑制了自己去追求自我实现。

其实，成功的人之所以不同就因为他们在内在本性和外在环境的冲突下，没有选择对强大的和无处不在的社会力量妥协；没有变得温顺、服从、谦恭、缺乏质疑和进取精神；没有放弃自己去取得成长的最高可能性。他们以自己的方式去解决冲突，去坚持自己的追求和梦想，这样他们才有可能会取得成功，成为杰出人物。

成长是人的本性，所以人们都在成长，只是成长的方式不同，能够达到的状态也不同。妥协的人是在恐惧、紧张情绪的伴随下，以谦恭、温顺的表面形象为掩护来成长，所以他们的成长过程是不健康和不快乐的，并且也是不能够发挥自身潜能的。勇敢的人则正好相反，他们可以有效解决冲动与阻碍之间的关系，达到心理上的某种平衡状态，因此，他们的成长是正常和快乐的，取得成功的可能也就会更高一些。

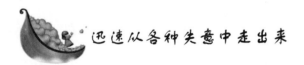

迅速从各种失意中走出来

"阿Q精神"简单地说就是一种自慰精神或者是自贱精神，学者概括为：就是阿Q的自欺欺人、自轻、自贱、自嘲、自解、自甘屈辱，而又妄自尊大、自我陶醉等种种表现。简言之，阿Q精神是在失败与屈辱面前，不敢正视现实，而使用虚假的胜利来在精神上实行自我安慰、自我麻醉，或者即刻忘却。

每个人都有烦恼，但并非人人都不快乐。快乐也不依赖财宝，有些人只有很少的钱，但终日笑口常开。有的人家财万贯，却总是生活在痛苦中，人们能否一生都保持快乐，愉快地生活，有时候需要知足一点、阿Q一点。

生命的历程中，交织着矛盾和痛苦，充满着求索和艰辛，遍布着荆棘和坎坷，人生是由艰难、困苦、磨难与挫折之珠穿接起来的珠环，每克服一次艰难、困苦、磨难与挫折，就会在生命中增加一颗璀璨耀眼的明珠，我们的生命也会增色不少。

当然，当遇到苦难无法排解时，你可以用阿Q的"精神胜利法"把它转移走，也就是说，对迎面而来的情绪烦恼，我们可以避而退之，不去想它，不去接受它，而是去做自己平时最想做又能产生愉快体验的事情。比如，听音乐、踢足球、打篮球等，用愉快的活动来充实自己的时间，用时间的推移来逐步淡化心里的烦恼。转移讲的是时空转换——此时此地遇到的烦恼，要换到彼时彼地来消释。

转移还要讲心理的转移，遇到了难以解脱的烦恼，不去想、不去强化刺激自己的情绪，而是把自己的思绪硬性拉开，用积极的情绪来抵消消极的情绪。根据您的具体情况来说，当您感觉到自己被痛苦缠绕时，可以去参加体育、文娱等集体活动。

这些活动由于随着生理功能和血液循环的加剧，人的心理也会随之开放，这样就更有利于把不良的心绪宣泄出去；当然也可以在和谐人际关系之后，让更多的人理解和支持你，使你在融洽、关爱之中淡化或消除痛苦。

心理学家证明，从心理上厌恶它，在观念和行动上也就随心理的变化而放弃它。

很多时候我们一路走来都背负着过去的成长伤口，带着旧伤面对着自己的内在与未来。这些过去成长的负面包袱有时真的会将人压得透不过气来。心地比较善良、资质与层次高的人懂得宽恕与原谅，宁可认为这是对自己的磨炼，甚至是当作忍辱的功课。

但有的人并不能做到这一点，他们的心灵比较脆弱，不能自我开解，当一个人的内外压力统合远大于或小于个人自我强度时，他的心态就容易陷入心理不健康的状态当中，此刻自省是非常重要的。

一旦被过去扭曲与诋毁的记忆捆绑住了，就会导致身陷其中而无法脱身。基于这种认识，心理学家甚至建议人们有时不妨阿Q一下，假装快乐、假装幸福。

一切都可能改变

而事实多半也支持了他们的"馊主意"，向阿Q学习的人大都改变了心境，改善了业绩，也随之改变了命运。

美国通用电气公司的一位工程师正在独立负责一项新塑料的研究。一天，意外事故突然发生了，实验的设备爆炸，昂贵的实验设备和厂房全部都炸毁了。所幸的是，那位工程师当时没在现场，幸免于难。然而当他面对一片狼藉的现场时，精神几乎崩溃。他伤心透了，他想这项研究是由自己来负责的，出了这么大的事故，责任只能由自己来承担，不单是要承担巨额的债务费用，自己在通用公司的梦想也因此结束了。更为严重的是，以后还有谁再相信自己呢？他在极度沮丧的心情下与通用总部派来调查这次事故的高级官员进行了谈话。

这位官员问："我们在这次事故中得到了什么？"

工程师沮丧地回答："由此看来，我当初的实验方案行不通。"

"这就好。我们得到了需要的东西，实验室炸毁了没什么可怕的，如果我们什么结果也没得到那才是最可怕的。"调查官员平静地说。

令工程师万万没有想到的是，一场重大的事故就这样解决了。这给他的内心造成了很大的震动，他告诉自己要忘记过去的失败，重新再来。此后，他不再去想爆炸的实验室，不再沮丧，他继续进行研究。

功夫不负有心人，这位工程师最终取得了巨大的成就。他就是后来带领通用电气公司实现飞速发展、被誉为世界第一CEO的杰克·韦尔奇。

通过上面的故事我们可以看出来，韦尔奇之所以能够在重大的人生"灾难"后取得巨大的成功，是因为他及时调整了自己的心态，从痛苦中走出来，抛开了心理的负担，全力以赴去做新的事情。

生活中，我们经常可以看到，那些能迅速从各种失意中走出来的人，都是生活的强者。

第八章 信念激励开拓，进取改变世界

197

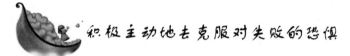

积极主动地去克服对失败的恐惧

一切都可能改变

有个运动员叫詹森，实力强大，训练有素，游刃有余。不过只要一进入正式的比赛就会失利。人们借此现象，把那种平时表现良好，但由于缺乏应有的心理素质而导致竞技场上频频失败的现象称为詹森效应。詹森效应可以说是人的一种浅层心理问题，就是将现有的困境无限放大的心理现象。

在日常生活中，有些实力雄厚的人经常遭遇"赛场失误"，这主要原因就是得失心过重和自信心不足造成的。有些人平时"战绩累累"，卓然出众，众星捧月，造成一种心理定式认为只能成功不能失败，再加上赛场的特殊性，社会、国家、家庭等方面的厚望，使其患得患失的心理加剧，心理包袱过重，如此强烈的心理得失困扰自己，怎么能够发挥出应有的水平呢！另一方面是缺乏自信心，产生怯场心理，束缚了自己潜能的发挥。

埃里希·福洛姆是美国一位著名的心理学家。一天，学生们向他请教："心态究竟会对一个人产生多大影响？"

福洛姆沉思一下，微微一笑，什么也没说，只是把学生们带到一间黑暗的房子里。在他的引导下，学生们很快就穿过了这间伸手不见五指的神秘房间。接着，福洛姆打开了这个房子里的一盏灯，在暗淡的灯光下，学生们才看清楚房间的布置，不禁吓出一身冷汗。原来，这间房子的中间有一个很深的池子，池子里蠕动着各种毒蛇，包括一条大蟒蛇和三条眼镜蛇，有好几条毒蛇正高高地昂着头，朝他们"嘶嘶"地吐着信子。就在这池子的上方，搭着一座很窄的木桥，他们刚才就是从那座桥上走过来的。

福洛姆看着他们，问："现在，你们还愿意再次走过这座桥吗？"

学生们吓得不敢作答。

最后，终于有三个学生勇敢地站了出来。其中一个学生一上去，就异常小心地挪动着双脚，速度比第一次慢了许多；另一个学生战战兢兢地踩在木桥上，身子不由自主地颤抖着，才走到一半，就坚持不住了；第三个学生干脆弯下身来，慢慢地趴在小桥上爬了过去。

"啪！"福洛姆这时打开了房内的另外几盏电灯，强烈的灯光一下子把整个房间照耀得如同白昼。

学生们揉揉眼睛再仔细看，才发现在小木桥的下方装着一道安全网，只是因为网线的颜色极淡，他们刚才都没有看出来。福洛姆大声询问："你们当中还有谁愿意走过这座小桥？"

无人应答。

"你们为什么不愿意呢？"福洛姆问道。

"这张安全网的质量可靠吗？"学生心有余悸地反问。

福洛姆笑了："我现在就来回答你们的问题。这座桥本来不难走，可是桥下的毒蛇对你们造成了心理威慑，于是你们就失去了正常的心态，方寸大乱，一如现在。心态对行为的影响究竟有多大，想必你们已经知道了。"

上面这则故事是想告诫人们不要将困难看得过于明白，如果将困难分析得过于透彻，反会被它吓倒。他们并非力量薄弱，也不是智商低下，更不是没有努力，仅仅是因为恐惧，是恐惧将人的心态破坏了，将人推入了失败的深渊。不过，我们从另一个角度来思考，就能很容易悟出，造成人生的一个个竞技场中失败的心理包袱，正是上面故事中池子里那些可怕的毒蛇。当我们看不到"它"时，就能取得成功；当脚下有保护网的时候，也能够取得成功；可是当我们看见它却又很难克服它带来的恐惧感时，它就成为了阻碍我们走向成功的最大障碍。

实际上，要避免詹森效应带来的消极影响并非一件难事，重要的是能够积极主动地去克服对失败的恐惧。

（1）摈弃心中的非理性观念

许多带有焦虑、紧张的人经常对自己或对别人说："我必须不惜一切代价保证成功。""如果我失败了，我就会没有价值，别人就会看不起我，我会很没面子。""如果发挥得不好，我的前程算是毁了。"这些话纵然能增强我们奋进的决心，但也容易引起焦虑，不利于正常水平的发挥。要想避免詹森效应，在平时就应当注意矫正这

199

些不正确的想法，养成以平常之心对待生活中的"竞赛"的良好习惯，减少紧张情绪，更好地发挥出自己的水平。

（2）要平心静气地走出狭隘的患得患失的阴影

不要总是去贪求成功，而应只求正常地发挥自己的水平。人生的"赛场"是高层次水平的较量，同时也往往是心理素质的较量，"狭路相逢勇者胜"，只要树立自信心，一分耕耘必定有一分收获，最终定会交付人生满意的"答卷"。

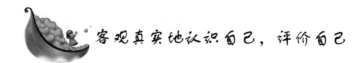

客观真实地认识自己，评价自己

著名魔术师费尼尔司·泰勒·巴纳姆曾经在评价自己的表演时说，他的节目之所以受欢迎，是因为节目中包含了每个人都喜欢的成分，所以每一分钟都有人"上当受骗"。

每个人都会很容易相信一个笼统的、一般性的人格描述特别适合他；即使这种描述十分空洞，他仍然认为反映了自己的人格面貌。而要避免巴纳姆效应，就应客观真实地认识自己。

曾经有位心理学家为了证实"巴纳姆效应"对大众的影响，精心设计了一个著名的实验。他给一群人做完人格特征测验后，拿出两份结果让参加者判断哪一份是自己的结果。其中一份是参加者自己的真实结果，另外一份是多数人的回答平均起来的结果。令他感到惊讶的是，绝大多数的参加者都异口同声地回答说，第二份结果更为精确地描述了自己的人格特征。

从某种程度上说，人类认识自身未必比了解他人要容易。认识他人时，我们容易站在理性的角度，做出较为公允的判断。然而对于自身，因为太过于熟悉，习惯用感性的眼光审视自我，再加上时常受到外界信息的困扰，我们在心中勾勒出的自我形象，往往与真实的自己相去甚远。

在日常生活中，我们习惯借助外界的信息来评判自己，经常得出与事实不符的结论。或许你原本就是一只极具天赋的"白天鹅"，

一切都可能改变

只是因为才能还未发挥出来，却因为别人不公正的评判而妄自菲薄，认为自己是一只"丑小鸭"；在与异性交往时，对方的一颦一笑、一举一止都会在心头掀起涟漪，成为自身魅力的重要评判依据；或许别人的一句无心之话，便认为对方不尊重自己，对自己有成见，无端生出恼怒、嫉恨等情绪，影响了自己的心绪。

有些时候，我们不仅将别人的评判当做窥视自我的镜子，更将大众的特征当做自己的特质。一位心理学家根据大多数人的心理特征，写下了这样一段描述性文字："你需要得到他人的尊重，有自我批判的意识。你有很多特殊的能力，有望成为你的优势，但还没有全部发挥出来。同时，你也有一些缺点，不过你一般可以轻松克服它们。你喜欢每天的生活都有新意，讨厌受到束缚。你喜欢独立思考，并因此而自豪，有时也会听取别人的建议，但如果没有充分的理由，你是不会断然接受的。你不喜欢过于坦率地表露、展示真实的自己，认为这是不明智的举动。你时而外向、友善、喜欢交朋友，时而内向、谨慎、沉默寡言。你有梦想和抱负，有些往往是不现实的。"

令人不可思议的是，很多人看过这段笼统的、几乎适用于任何人的文字后，绝大多数都认为这段话将自己刻画得活灵活现。在生活中，很多人都会认为算命先生说得很准，其实这是因为他们巧妙运用了"巴纳姆效应"的缘故。算命先生深知，前来占卜的人大多是一些情绪低落、迷茫无助、对未来缺乏把控的人。这时候，他们的心理依赖性比平时更强烈，受他人的心理暗示也就更大了。算命先生先用一些安慰的话，让求助者获得心灵的安慰，赢得他们的信任，接下来的一番模棱两可的话便自然让人深信不疑了。

群居的人类难免不受他人的影响，若想打破巴纳姆效应并不容易。我们要学会从多种渠道搜集与自己有关的信息，与自己身边的人相比较，得出较为客观的评价；坦然面对自己的优缺点，做真实的自己，"不以物喜，不以己悲"，学会调节自己的情绪，不要让别人的坏情绪影响自己。

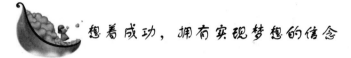

想着成功，拥有实现梦想的信念

美国布道家、学者贝尔指出：想着成功，成功的景象就会在内心形成。

贝尔告诉我们，任何人都可以实现自己的梦想，只要你拥有实现梦想的信念。

在实现梦想的路上，总有绊脚石，在成功的潜流里，总有暗礁、迷雾。我们不能让雾迷蒙了自己的双眼，不能被它俘虏。路上的绊脚石、潜流里的暗礁，并非阻挡你成功的障碍，真正的障碍是信念的丧失。越过绊脚石，躲过暗礁，坚定信念，成功就在前方。信念的力量是巨大的。当人类有信念做支撑的时候，往往能战胜很多艰难困苦。

有一年，一支英国探险队进入撒哈拉沙漠的某个地区，在茫茫的沙海里跋涉。阳光下，漫天飞舞的风沙像炒红的铁砂一般，扑打着探险队员的面孔。他们口渴似炙，心急如焚，大家的水都没了。这时，探险队长拿出一只水壶，说："这里还有一壶水，但穿越沙漠前，谁也不能喝。"

一壶水，成了穿越沙漠的信念之源，成了求生的寄托目标。水壶在队员手中传递，那沉甸甸的感觉使队员们濒临绝望的脸上又露出坚定的神色。终于，探险队顽强地走出了沙漠，挣脱了死神之手。大家喜极而泣，用颤抖的手拧开那壶支撑他们的精神之水，缓缓流出来的，却是满满的一壶沙子！

在危机四伏的茫茫沙漠里，让他们重获新生的，不是那一壶沙子，而是执著的信念。信念就好像是溺水时的救生圈，只要不松手，希望就在。

拿破仑曾经说过："我成功，是因为我志在成功。"贝多芬正是凭着"我要扼住命运的咽喉"的信念，才奏出了生命的交响曲。苏轼说过："古之成大事者，不唯有超世之才，亦有坚韧不拔之志。"

一切都可能改变

苏轼的父亲苏洵从 27 岁才开始刻苦读书，最后依然跻身于"唐宋八大家"之列，凭的是什么？是顽强不息的信念。信念是让人屹立不倒的支柱，是一切力量的来源。

在人生的旅途中，不可能总是一路风光宜人，总是会遇到狂风暴雨的恶劣天气。就算是真的遇见了让自己痛苦到无法呼吸的事情，也绝不要失去生命的希望，只要保持一种"不过难关不罢休"的信念，你就一定能重新看到希望的火光，并成为一个生活的强者，创造出常人难以创造的奇迹。

想一想，如果没有信念，那我们的一生只能沦于平庸。信念，其实不高，也不远，不过是困境中的一种心理寄托。就像是饥饿时的一个苹果，就算不吃，只是看着，也足以让自己度过难耐的时刻；就像是溺水后的一个救生圈，只要牢牢抓住不放，坚定活下去的信心，就一定能看见生的希望。

一个坚持自己信念的人，永远也不会被困难桎梏。因为信念是打开枷锁的钥匙，它可以将你从恶劣的现状中解救出来，还你意料之外的完美结局。

诚然，生活中的勇气来自心中一个个不灭的信念，只要信念不灭，理想就不会破灭，生命就不会终止。

人生就是因为有了太多的信念，才会有了一次又一次的失落和沮丧。可是不能因为害怕失落就丢掉信念，否则生活就会是一杯寡淡无味的白开水。在无法预知的现实面前，我们能做的就只有努力，永不后退，这样我们才会看到希望，生活才会充满色彩。

信念支撑着人生，没有信念，就没有色彩斑斓的生活。信念是清新的空气，是沙漠中旅人的水，是我们心中永恒的太阳，是永不凋谢的玫瑰。信念成就了成功，也铸就了美好的生活！

第九章　主动改变弱点，规划预见未来

　　弱点是人性的寄生虫，它依附在每个人的身心甚至思想内，始终左右着人的心灵。要想战胜弱点，你必须向弱点挑战，扫除一切人性的弱点。

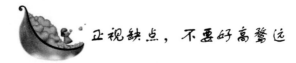

正视缺点，不要好高骛远

明知道自己不可能办到的事情却要去尝试，无异于以卵击石。不信就听听这个寓言吧。

到迁徙的季节了，所有的鸟儿都要往南飞。有一只鸟开始犯愁，它想："每次飞行我都落在后面，都被别人取笑。这次无论如何也不能落到最后一个了。那样太没面子了！"

这只鸟想啊想，终于想出了一个好办法，它兴奋地对自己说："我可以在它们还没有起飞的时候自己先起飞，这样就不会落在后面了！"为了抢先到达目的地，这只鸟就先于同伴起飞了。这只鸟很笨，飞了一段路后就迷失方向了。于是它就落在一棵树上等同伴。等了很久也没有等到同伴，这只鸟急了，又循着原路往回飞。结果却发现其他的鸟儿都已经飞走了。

无奈之下，这只鸟只好再一次独自飞往南方。让这只鸟恐惧和沮丧的是，它每次都是飞到半路就迷路了。这个冬天，这只鸟终究没有飞到南方。一场大雪降临，这只鸟冻死了。

每一个人，都不可避免地会有自己的缺点和不足，如果不承认它们的存在，就不可能做到知己；只盯着别人的缺点而看不到对方的长处，自然达不到知彼，既不知己又不知彼必然不会有太大的发展。

一个人敢于正视自己的缺点和不足，是勇气的表现，更是智慧的体现。只有自信心不强、缺乏责任感的人，才把因为自己的缺点造成的失败当成是别人的负面影响所致。而在遭遇失败时，能够勇敢地承担责任并理智地评价自己和别人，才是真正的智者。

成功的人往往在任何时候都知道自己需要什么，他会给自己定一个可行的目标，做一个实际的计划，从而使自己在通往成功的路

上走得更扎实。

福特作为美国汽车工业的传奇人物，他有一句人们耳熟能详的名言："一个人如果真正拥有太多的钱，将会威胁整个世界！"作为一名成功人士，福特曾经特别喜欢一个年轻人的才能，他想尽自己的所能来帮助这个年轻人实现自己的理想。可是这位年轻人的梦想却把福特吓了一跳：他一生最大的愿望就是赚到18亿美元——超过福特现有财产的一百倍。惊讶的福特不由自主地问他："你要那么多的钱做什么？"年轻人愣了一下，耸了耸肩膀说："坦白地说，我也不知道，但我觉得只有那样才算是成功，我从来都把挑战和超越当做是一种幸福。"

在此后长达7年的时间里，福特一直拒见这个似乎有些"狂傲"的年轻人，直到有一天这位年轻人告诉福特，他的理想是创办一所学校，他已经有了10万美金，还缺少10万！这时福特才解开心中郁积已久的结，开始帮助他。那18亿美元的事好像没有发生过一样，他们也没有再提起过。经过8年的努力，年轻人终于成功了——他就是著名的伊利诺伊大学的创始人本·伊利诺斯！超越是每个成功人士的专利，就像硬币有正反面一样，在鲜花、掌声的背后，超越也意味着艰辛、毅力和奋斗。超越不是口头的一时快意，它需付诸于身体力行当中。为自己定一个可行的目标，你会发现成功已经远远地向我们走来！

有缺点并不是坏事，它是通向更高层次的阶梯，只有承认不足，才能弥补不足，才能提高自己。所以，缺点就是希望，承认并改正自己的缺点，你将获得事业上的成功。

笨不会使你失去尊严，你笨就做好充分的准备，安分守己，然后老老实实地跟在大家后面飞，即使你永远落后，但对你而言至少还有下面这些好处：

第一，可以吸取经验教训。笨鸟比较笨，不知怎么飞更好，但笨鸟可以飞在后面看别的鸟怎么飞，哪只鸟飞得好飞得高，然后吸

第九章　主动改变弱点，规划预见未来

207

取它们的技术和经验。这样，笨鸟再飞的时候就不会有差错了。

第二，最实际的一点是，跟在别的鸟后面飞，不会迷失方向，不会把自己弄丢了——没有什么比生命更重要了。

第三，飞在后面不会受到风的阻力，可以很轻松地飞行，而前面的鸟儿则要花费很大的力气飞行。

第四，后飞的鸟心理承受的压力比较小，反正飞在后面，可以自由地活动，累了可以停下来休息，渴了可以去找水喝，然后再奋力赶上前面的鸟。而飞在前面的鸟就没有这么轻松了，为了给同伴树立榜样，它们心理压力很大，必须一刻也不停地飞，生怕被别的鸟儿赶上。

那么，既然后飞有这么多的好处，如果你是一只笨鸟，为什么不量力而行，还要打肿脸充胖子，和别人一争高低呢？

不要以为笨鸟后飞是件很丢脸的事，你就是你，这就是你的生活，没有人代替得了你。扎扎实实地走好你的每一步，不要怨天尤人，也不要好高骛远。如果你是笨鸟，就走一条属于你自己的笨之路，笨得真实，笨得精彩。

如果你是笨鸟，请你后飞、慢飞，千万别为了抢先而错过了属于你自己的风景。

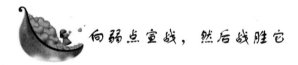

向弱点宣战，然后战胜它

罗曼·罗兰塑造的约翰·克利斯朵夫的形象为我们展示了一个人要战胜自己是一个艰难而痛苦的历程。

约翰·克利斯朵夫出生于一个贫民家庭，他要靠个人的奋斗取得人生成功，就得与社会斗、与自己斗。

来自约翰·克利斯朵夫内心的敌人有两个：一是宗教意识，一是本能、欲望。前一个要他向命运屈服，后一个要他堕落沉沦。约翰·克利斯朵夫靠着顽强的意志与自己战斗，他决不认命，不甘于堕落，在那个污浊肮脏的世界里始终保持纯洁的品性，战胜了自己身上人性的弱点，实现了自己的历史使命。在他临终时心灵达到高度和谐的境界：没有痛苦、没有恩怨，只有真正的快乐。

陀思妥耶夫斯基说："如果你想征服全世界，你就得先征服自己。"确实是这样，征服别人容易，征服自己则困难。弱点是人性的寄生虫，它依附在每个人的身心甚至思想内，始终左右着人的心灵。要想战胜弱点，你必须向弱点挑战，扫除一切人性的弱点。

人性中有很多弱点，如贪图享受、容易满足、不求上进、回避困难、自我轻贱、盲目乐观、懒散傲慢等等。如果屈从于人性弱点，结果只会陷入失败的深渊。你必须战胜这些弱点，才能走向成功。

李阳现在已经成为中国的名人，可是还有很多人不知道李阳原先"不过如此"。李阳的过去令他"不堪回首"。

他少年时代是一个很内向的人，用最常见的话说"怕生"。已经十几岁了，亲戚朋友还不知道李家有这样一个孩子，用"丑小鸭"来形容他是最恰当的。比如：只要听到电话一响，他就会躲起来；他看电影之后，父亲总是要他复述电影的内容，因为他并不喜欢回答父亲的提问，所以，他宁愿多年不看自己喜欢看的电影。

李阳的经历就是一个放下面子，挑战现实的经历。

李阳本来是个性格内向的人，但为了挑战自我，他以英语为媒，走出了成功的一步。他把自己学习英语的心得体会写成了很多页演讲稿，准备拿到演讲场上去。美国社会学家曾经进行过这样的调查，世界上人们最怕的就是当众讲话。他请同学帮自己把海报贴出去，说是有一个叫做李阳的人要搞一个英语讲座。

那天晚上，李阳简直"紧张得要吐"，可是他还是上台了。虽然，演讲中遇到了很多困难，但是李阳还是坚持了下来。这次演讲获得了意想不到的成功！就这样李阳讲出去了，一讲就是几十场，他因此成了校园名人。

第九章　主动改变弱点，规划预见未来

李阳现在的目标是要让十三亿中国人说一口流利的英语！做一番自己梦想的大事业，当然也可以大大地赚一笔钱。

每个周日，受到人们爱戴并被尊称为"令人尊敬的伊可"都要坐在哈莱姆中心古老华丽剧院里的宝座上，来进行他的演讲。

当他器宇轩昂地面对忠实的听众时，人们的心里便充满希望。因为他的演说激励人心，他的观点历久弥新，让人们深有同感。所以，他深深地受到众多追随者的景仰爱慕。可是，"令人尊敬的伊可"所推崇的名言真谛却是："你必经历地狱的煎熬才能到达天堂。"

这种观点赢得了大多数人的赞同。他们认为：我们必须受苦受难才能实现梦想。可是，接受这样的人生哲学简直是让人左右为难。一方面，我们来到世上，拥有成功所需要的一切本领和技能；另一方面，这种要受苦的心理会导致我们无法充分施展和利用自己的天赋。

如果想证明我们来到这个世界是为了什么的话，那一定要接受挑战，运用我们所拥有的才智和天赋去搏击每一次挑战。我们所做的一切都是为了生活的幸福和事业的成功，而不是在工作和生活中把自己搞得蓬头垢面、身心煎熬，在不幸中苦苦地挣扎。我们应该把自己的存在看成是幸福上演之前的一次彩排。

人性弱点真的如同想象中那样难以战胜吗？其实不然，要想战胜人性的弱点，应该有几个最佳途径，我们不妨总结一下。

首先，必须要以成功人生的信念做基础。

这个信念一定要坚定不移。很多人都想获得成功，但是又缺乏自信，因而这个信念并不坚定，稍遇风吹浪打，这个信念便会被丢弃。坚定的信念是同人性的弱点作斗争的尖锐武器。

应该把社会的需要和自己的长处结合起来发展自己，战胜自己。

有很多人失败是因为不顾一切地跟着社会跑，完全放弃了自己的特长兴趣，最终完全丧失自己。很多人最后被自己打败是因为自暴自弃。只有把社会的需要与自己的长处结合起来发展，才能成功。

一切都可能改变

要磨炼顽强的意志。

与自己斗争就是意志力的考验。在人生的旅途中，并不总是顺境。逆境会使多数人萎靡不振，只有少数具有顽强意志的人才能够在逆境中战胜自己的弱点。

一定要找到自己身上的弱点，然后战胜它。只要真正做到这一点，你就会觉得成功对于你来说是何等的神奇、伟大。

一个不敢挑战自我的人，只能是懦弱地活着。而要成就一番事业必须面临人生考验。很多人之所以不能成功，关键就在于无法激起挑战困境的勇气和决心，不善于在现实中寻找答案。

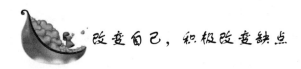

改变自己，积极改变缺点

一位年轻人总觉得自己与社会格格不入，叹自己生不逢时，整天过着苦闷的生活。

这天，他决定去他尊敬的一位长者家寻求帮助。

年轻人对长者抱怨说："为什么我老觉得自己与社会格格不入呢？"

长者想了一下，让年轻人跟着他进了厨房。只见长者拿出一根胡萝卜和一个鸡蛋，接着往锅内倒入一些冷水，然后再放入胡萝卜和鸡蛋。长者打开燃气开关烧水。过了约 10 分钟，长者把胡萝卜和鸡蛋捞出来，分别放入两个碗内，转身问年轻人："你摸摸它们，看有没有什么不同之处？"

"胡萝卜煮熟了，鸡蛋也煮熟了。"年轻人摸后不解地问道，"这有什么特殊的意义吗？"

长者笑了笑，说："胡萝卜和鸡蛋放到锅内后，它们都会面临同样的环境——开水，但它们的反应就各不相同。胡萝卜入锅前是强壮的、结实的，但经过开水煮后，它就变软了。而鸡蛋入锅前是易

211

碎的，薄薄的外壳保护着它液态的内脏，但经过开水煮后，它的内脏就变硬了。"

这时候，年轻人抢着说："面对同一种环境，都是它们不可改变的，但是鸡蛋却能够改变自己，融入并适应这个环境，从而变得更加强大。是这样的吗，先生？"

"对，你说得没错！"长者高兴地说，"你虽然改变不了环境，但是你可以改变自己。"

改变自己，不要以为所有的适应都是随波逐流；改变自己，不要以为所有的适应都是世故与圆滑。达尔文说："适者生存。"我们所有的改变都是为了以后自身有更好的发展。记住这句话吧，如果你改变不了环境，那就改变你自己！

与象牙塔里单纯的人际关系不同，踏入职场，人际关系也相应地复杂了起来。刚走上工作岗位的新人最容易犯的毛病是过于清高，对一些自己看不惯的事无法接受，认为怎么可以这样呢？其实这个公司是这样，换一个公司也还是这样，这是大环境，你改变不了。原则性太强，改变不了环境，也不肯改变自己的人，结果往往会把自己推入一个窘迫的境地。

李单是一个性格比较内向的女孩，大学刚刚毕业却选择了一份比较外向的工作：总经理秘书。

李单没上班几天就想辞职了，因为她实在适应不了总经理的工作方式，她尤其看不惯同事之间的尔虞我诈，以及对她的流言蜚语。她非常怀念大学时代那种单纯的人际关系。

有一天，总经理要李单去陪一个客户喝酒，李单坚决不去，她说："我从来不喝酒，这一辈子也不会喝酒。"

总经理说："也不要你真喝，你象征性地表示一下就可以了，那可是我们的大客户啊。"

李单没有一点回旋余地地说："那也不行。"

总经理说："你作为一个秘书，陪客户是分内的事情。你不去，我要你来做什么？"

李单说："我不会改变自己的。如果你接受不了，我只好辞职。"

本来总经理打算原谅李单这一次，可见她这么讲也就无话可说了，只得和李单终止了劳务合同。

李单的问题是职场新人，尤其是刚刚大学毕业的新人普遍面临的一个问题，每个新人从象牙塔到职场，都要经历一个"适应期"。而新人在初上岗的情况下，最容易出现的状况就是不能适应新的工作环境，不能快速地做到角色转换，在很多时候都太学生气。殊不知，在你踏上工作岗位的那一刻起，你就已经成为了这个社会机器的一颗螺丝钉，就要学会尽快适应这个新身份。你已经不是以前的你了，你已经不是学生了，你不可能要公司按照校园的方式来经营发展，你无法改变这个现实，你只能改变自己。

其实完全没有必要这样。进入社会后，你不妨把自己的个性磨得圆滑一点。岗位性质的不同，所处的环境也不一样，要在逆境中成长起来，就必须要圆滑，有时需要改变一下自己的风格，有时甚至要懂得伪装，不要什么都直来直去。工作和读书是完全不同的两件事，没有人会同情你、可怜你，你处在这种竞争激烈的环境中，就要想办法让自己尽快适应这个环境。

要学会让自己去适应环境，因为环境永远都不会来适应你，即使这是一个非常痛苦的过程。许多新人在熟悉工作环境后，新鲜感慢慢退却，开始抱怨公司中一些不完善的地方。其实，每个公司都有其自身的具体问题，如果不是很严重，最应该做的不是选择离开，而是要学会适应环境，提高自己的调适能力。有些人就如同当初草率决定签约一样，冲动地打算离开，其实这样做损失最大的还是自己。

也许你认为原则是永远不可以放弃的，但改变自己不是要你放弃自己的原则，而是让你有更多的平台、更多的机会来实现自己的理想。改变自己不是妥协，而是一种以退为进的明智选择。就好比要到达一个目标，在多数情况下，直接走是行不通的，得绕个弯子迂回一下。

很多事情都是我们无法改变的，一个人的人生道路往往不是主观所能决定的。在许多情况下，我们不可能改变残酷的现实，唯一可行的选择是改变自己。改变自己的思维方式，改变自己看问题的角度，从而改变自己的行为模式，以适应目前所处的环境，让生命在有限的时空中得以延续。

世界上并不只有你一个人，地球也不只是为你而转，不可能所有的事情都按照你的意愿发展，面对一个强大的你不喜欢的环境，你的反抗是徒劳的，你只能学会适应。

一个人必须要跟水一样能够随时改变自己，接受改变缺点的挑战，如果要别人去接受你的个性，这可能吗？每一个人都要清楚地审视自己有哪些缺点会阻碍自己事业的发展，并且把它们记录下来作为自己改进的备忘录。如果你希望自己成为一个优秀的人，这就是你必须要做的事，因为如果不改变，这些缺点就将会变成你在业务发展上的障碍，所以我们常说：一个人提高业绩最大的障碍不是客户，也不是企业，而是自己。

很多人愿意改变自己常常是因为遇到了刻骨铭心的事件，但那是有准备改变自己的人。而有些人根本就没有打算改变自己，这些人会在遇到重大事件后面临离开市场和改变自己之间选择离开市场。有些人认为改变自己很难，这没有错，因为那可能是几十年积累下来的习惯，人对于习惯往往会产生依赖而拒绝改变，可是真正的财富往往就藏在这些改变之后。有人说这就是上帝为那些改变自己的人所准备的礼物，他要告诉这些愿意改变的人，改变虽然痛苦，但是一定值得！

一切都可能改变

抛弃弊病，独辟蹊径敢于创新

罗凯是湖南湘西人，独自来北京创业。有一次在等车的时候，看见很多人手里拿着自己家乡的掉渣儿饼吃得津津有味。罗凯很纳闷，这种饼在家乡都没人吃，怎么一到北京就这么火呢？他循着一个方向望去，看见购买掉渣儿饼的人都排成了一条长龙。

这个时候，罗凯想，再等一阵子，如果还有这么多人爱吃掉渣饼的话，自己就也开一家。

有时候，很多事物的兴起是毫无端倪的，在吃掉渣儿饼成为一种时尚的时候，几乎一夜之间，"土家族风味，中国式比萨"的掉渣儿饼店开遍了京城的大街小巷，那阵势完全可以和成都小吃媲美了。这时候，罗凯急了，自己家乡的生意都被外地人做了能不急吗？于是，罗凯也不做市场调查，就风风火火地也开了一家掉渣儿饼店。

正当罗凯等着大赚特赚的时候，结果却让他大失所望：一个月下来，罗凯的掉渣儿饼店血本无归。

他想不通，于是去问其他掉渣儿饼店的老板，得到的都是同样的答复——惨淡经营。因为这样的掉渣儿饼店在北京已经达到了几千家，市场已经饱和得不能再饱和了。罗凯的失败就在于没有开拓市场的胆魄，本来已经预见了巨大的商机，却没有抓住机会，等到和别人一起蜂拥而上时已经晚了。

这就是成功者与失败者的区别，成功者总是独具慧眼，走自己的道路，遇到机会从不放过；失败者总是在等待，没有勇气跨出第一步，而真正去做的时候机会已经失去了。

成功就是这样简单，换个想法，避开竞争焦点的锋芒，迅速抢占潜藏的市场就可以了。当然，说起来简单做起来难，在现实生活中并不是每个人都能及时调整思维，准确地判断出潜在机遇的。

事实上，任何人都没有必要吊死在一棵树上，没有必要跟在别人屁股后面跑，这个世界本来没有路，走的人多了就成了路。你为什么不可以第一个走这条路，你为什么不可以独立先行？成功的人总是第一个敢吃螃蟹的人，然后发现蟹肉的美味。成功的人不是追赶潮流，而是开创潮流、引导潮流。

可见，很多商机就存在于我们的身边，只要你善于发现，就能避开恶性竞争的陷阱，你就会成功。

老子说："或曰不争，或曰处下，或曰祸福相生。"也就是说，多数人都在争名夺利的时候，老子却教人不争；多数人当了领导高高在上驱使手下人的时候，他却教人以下人自居；多数人遭遇祸事沮丧的时候，他却教人要想到将来的幸事福事。老子的这些思想虽然是无为而治，但它的另一个积极意义就是让我们懂得了，无论从事各行各业，切不可盲目地追赶潮流，大家都做什么生意便也跟着去做，这样的话，结果往往是我们还没有站稳脚跟，市场就已经饱和了。与其在商业网点众多的"红海"中拼个你死我活，倒不如另辟一块富有市场潜力的"蓝海"。

在竞争异常激烈的今天，谁抓住了市场空白点，谁就能在这块空白点上抓住商战的主动权、占领商战的制高点。对于商业地产开发而言，谁能立足商业空白点开发商业地产，谁就能赢得众多商家的青睐、赢得投资者的追捧、赢得开发价值的最大化。

深圳商铺销售的主导模式包括只售不租、委托经营几年等销售模式，只售不租的销售模式往往会给商业经营带来硬伤，商铺业主各自为政，使得商区难以统一定位招商，大大降低了商区整体定位的聚客效应，商铺之间的经营互补性更是无从谈起。委托经营几年的销售模式，往往会成为发展商打消投资者顾虑的营销模式，并没有真正从业态合理性、商户质量把关等方面做足功课，结果经营失败的案例太多。销售模式的不规范，使一些商业地产项目遭遇到营销的瓶颈。

一切都可能改变

后来市场上出现了一种带租约转让的销售模式，策划公司通过对项目统一定位实施招商，然后带租约转让销售，实实在在的品牌，实实在在的租约，既增强了投资信心，又稳定了项目未来的经营。如采取带租约转让销售模式的华强东商业中心、宝安南商业中心，均在开盘当天售罄。

"带租约销售"是商业地产销售模式的一次创新、一片"蓝海"，它的运作成功为商业地产销售模式开创了新的道路。

所以，我们要学会独辟蹊径，要敢于创新。创新是可贵的，创新是一个民族进步的灵魂。创新是生存发展之道，不创新就要落后，一落后就要挨打。当然，创新也是需要智慧和勇气的，好的传统我们当然要坚守，遗留的弊病也要有勇气抛弃。

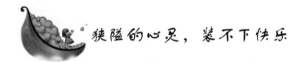

狭隘的心灵，装不下快乐

《论语》里有一句话，说："道不同，不相为谋。"意思是，不同道路上的人，不同一阶级的人，不同一立场的人，就应该井水不犯河水，老死不相往来。

也许我们今天的"道"不同，但谁能够料到明天我们的"道"也不同呢？

张泉是上海一家权威媒体的记者，做事喜欢独来独往，对不在同一条道上或者地位身份比自己低的人从来不去交往，即使到了万不得已的情况下也是一副不屑一顾的样子。

这天单位来了一位新同事，张泉首先打听她从事什么职务，当她得知新同事仅仅是一位校对员时，连招呼也没打就借故离开了。

新同事一直抱着友好的态度与张泉交往，而张泉总是一副冷漠的表情。她觉得没有必要和这样的人交往，认为一个小小的校对员对自己永远不会有任何帮助。新同事似乎对新闻事业很感兴趣，常常问张泉一些关于采访的问题，张泉要么一副爱理不理的样子，要么就干脆说不知道。就这样过了一个月，张泉始终没有接纳这位新同事。

有一天，杂志社进行人事调整，新上任的主编召集记者开会，新同事也收拾东西跟在她的后面。张泉厌恶地说："你跟着我干嘛？我们记者开会关你什么事情！"新同事笑着说："我也去开会。"这时候，张泉的朋友小声地说："她就是新上任的主编。"

后来张泉才明白，新同事本来就是杂志社安排的主编，之所以先做校对员，是在微服私访，暗地里看看员工们的表现以及存在的问题。张泉后悔莫及，生怕主编公报私仇。好在主编不是那种小肚鸡肠的人，以前对张泉是什么态度现在还是什么态度。

但张泉却从这件事中吸取到了教训，以后无论遇到什么样的人，她都真诚相待，与人为善。因为她明白了，有些人虽然现在和你没有多大的关联，但说不定哪一天就会成为和你关系紧密的人，而且即使不成为关系紧密的人，这样做对自己也没有一点坏处。

在阶级分明的封建社会，孔子显然是在为自己的利益集团说话，这也是情有可原的，但到了现今这个多元文化相融、开放开明的社会，如果还这样认为，那么我们的思想就过于狭隘、过于禁锢了。不要以为与你不是同一条道路上的人所懂得的知识就对你没有用处，往往他们不经意间的只言片语就能拨动你的智慧之弦，同时，如果你总是抱着这样的心态和人交往，那么你的一生就注定不会有太多的朋友。

两条平行的道路，你走你的，我走我的，虽然永不相交，但至少在你孤独的时候可以相互说说话，可以相伴到永远。这样的两个人，虽然道不同，但仍可相为谋。

世界上的万事万物都处于普遍的联系当中，你不一定看得见这种联系，但是你绝不能否认这种联系，你看不见的不一定就不存在。天南海北的两个陌生人可能有一天会走在一起，这就是联系。既然

一切都可能改变

每一个人都有可能与我们相交，那么我们为何还要认为"道不同，不相为谋"呢？

道不同，不相为谋，是因为我们企图排斥别人，于是就为我们的排斥找了一个理由，说"道不同，不相为谋"。仅仅是因为道不同吗？还是由于我们过于傲慢固执，无法听取别人对自己的意见？或许就因为我们是内行，于是便对外行人的意见嗤之以鼻；或许就因为我们是外行，于是便对内行人的行为不屑一顾。

人与人之间的交往本来就是平等的，真正的交往是不以任何利益为目的的，如果在开始交往前你就想着要从这个人的身上获取利益，那么这样的交往就不会持久，对方也会看穿你的心思。唯利是图的交往只会导致你的朋友越来越少。

狭隘的心灵是装不下快乐的源泉的。我们必须学会接纳，接纳比我们高的人；我们必须学会宽容，宽容比我们低的人。

同一片天地可以容下不同的山，同一座山可以容下不同的森林。同一片森林可以容下不同的树木，同一棵树木上可以容下不同的飞鸟。

一个人的学识是有限的，多个人的学识则是无限的。虽然学的不是一样的知识，做的不是一样的工作，但是谁也无法料到你以后会怎么样，谁也无法料到你以后就一定不需要那样的知识，不需要那些人对你的帮助。道不同，就不去与别人交往的人往往会断了自己的后路。这个世界没有什么不可能的，如果你本着一颗平常的心，不求回报，你得到的反而会更多，因为你的路越走越宽，你的朋友越来越多，自然，你遇到困难的时候就会有更多的人来帮助你。

克服懒惰，将勤奋奉为金科玉律

抗日战争爆发后，少年李嘉诚随父母避难香港。不久，父亲一病不起，孤儿寡母艰苦度日，生活极为艰辛。李嘉诚挑起了家庭的重担，在春茗茶楼找到一份跑堂的工作。

茶楼工作异常辛苦，工作时间长达 15 个小时以上。白天，茶客较少，但总是有几个老翁坐在茶桌旁泡时光。李嘉诚是地位最卑下的堂仔，在大伙计休息时，他还要待在茶楼侍候。晚上是茶客最多的时候，每天茶楼打烊时，已是夜半人寂了。李嘉诚后来回忆起这段日子，说他是"披星戴月上班去，万家灯火回家来"。这对于一个只有十四五岁的少年来说，实在是太不容易了。

李嘉诚后来对儿子谈起他少年的这段经历时，感慨地说："我那时，最大的希望就是美美地睡三天三夜。"

尽管这样，他却不敢有丝毫懈怠。李嘉诚每天都把闹钟调快 10 分钟，定好响铃，最早一个赶到茶楼。后来，他将这一习惯保留了大半个世纪。

李嘉诚的真诚敬业和勤勉有加，很快便赢得了老板的赏识，他也成了加薪最快的堂倌。

命运对人是公平的，你付出多少，你想要什么，命运便会给你提供得到它的条件，只不过，这些条件都藏在暗处，需要你有勤奋的"富"习惯，因为命运之神从来不会垂青于一个懒汉。

一位很有激情、但尚未取得过成功的年轻作家说："我的问题是整日、整星期过去了，而我却只字未写出来。"

他说："写作富有创造性，你必须有灵感。你的思想必须带动你。"

是的，写作需要灵感，可是，只有勤奋才能导致下一步行动，这是自然规律。没有什么东西会自己发动起来，同样的道理也适用于你的大脑。你只有正确地调整你的大脑，使它趋于正常的情况下，它才能为你思想。

古罗马皇帝临终前留下遗言："勤奋是通往荣誉圣殿的必经之路。让我们勤奋工作！"当时，士兵们全部聚集在他的周围。于是，勤奋与功绩成为了罗马人非常伟大的箴言，也是他们征服世界的秘诀所在。那些凯旋的将军都要归乡务农。当时，农业生产是受人尊敬的工作，罗马人之所以被称为优秀的农业家，其原因也正在于此。正是因为罗马人推崇勤劳的品质，才使整个国家逐渐变得强大。

在古罗马，有两座圣殿，一座是勤奋的圣殿，一座是荣誉的圣殿。他们在安排座位时是有顺序的，即必须经过前者的座位，才能达到后者——勤奋是通往荣誉圣殿的必经之路。

然而，令人痛心的是，当财富日益丰富，奴隶数量日益增多，劳动对于罗马人变得不再必要时，整个国家开始走下坡路。结果因为懒散而导致犯罪横行、腐败滋生，这个有着崇高精神、曾经盛极一时的民族变得声名狼藉了，并开始没落。

可是，我们大多数人却并未从中得到教训，我们依旧在工作中偷懒，依旧好逸恶劳。我们都这样认为：现在时代已经变了，勤奋已不再是职场乃至商战中成功的法宝了，我们需要享受生活并等待机会。而事实恰恰相反，要想在职场中获得成功，勤奋是必不可少的一种美德。现在这个社会上，到处都有一些看起来马上就要成功的人，事实上，他们并没有成为真正的英雄。这是什么原因呢？

真正的原因就在于他们没有付出与成功相应的代价，那就是勤奋。这些人渴望到达辉煌的巅峰，但不希望越过那些艰难的阶梯；他们渴望赢得胜利，但不希望参加战斗；他们希望一切都能一帆风顺，但不愿意遭遇任何阻力。

懒汉们常常抱怨，自己竟然没有能力让自己和家人衣食无忧；勤奋的人会说："我也许没有什么特别的才能，但我能够拼命干活以挣取面包。"

要想在这个人才辈出的时代走出一条完美的职业轨迹，只有依靠勤奋的美德——认真地对待自己的工作，并在工作中不断进取。幸运和机会不会主动光临那些浪费时间和偷懒的人。

乔治·拉斯罗说："在我的一生中，我最幸运的事情是，我能够认识许多用勤奋灌溉的艺术家。他们都强迫自己每天写作十二至十六个小时，尽量减少休息时间和睡眠时间，真正达到了废寝忘食的地步。"

而他在谈到自己是如何工作时说："至于我，常常不分白天黑夜，连睡觉和吃饭的时间都没有。这在一些人的眼里，是非常难以忍受的生活。但是，凡是想取得成就的人，就不得不这样做。我热爱自己的工作，对创作充满了热情。但是，当我写作了八个小时或十个小时之后，大脑和神经因为过度紧张，已经达到极限时，我承认，这样的工作实在是单调乏味至极。天地作证，我不能说假话。然而，在这些繁重枯燥的工作中，也有着鼓舞人心、能起补偿作用的东西，那就是精神得到了满足，自己的能力得到了最大限度的发挥。正是因为心无旁骛，全身心地投入工作，我才可以有更多的时间来做更有价值的事，我的精神世界才会更加充实。"

成功的人并不是希望获得称赞，而是因为工作本身有趣才这么做的，对待工作的态度比工作本身还要重要些。

养成勤奋工作的习惯，你就学会了点金术。那些出类拔萃的成功者，都是将勤奋奉为金科玉律的人，在他们成功的同时，也把他们的经验留给了别人，那就是勤奋。

一切都可能改变

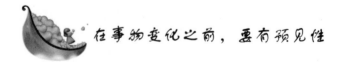

在事物变化之前，要有预见性

对一个人来说，预见能力非常重要。预见能力，是一个成功的创业者必备的能力。它会为人的前进指明方向。可以说，预见能力是成功的指南针。作为地产界的"大哥大"，李兆基的成功就是建立在非凡的预见能力的基础上的。

万事万物每天都在变，在事物变化之前，要有预见性。

李兆基出生于广东省顺德，自幼在私塾受教育。他的父亲在广州开设银庄，李兆基 7 岁时就经常到父亲的"铺头"去，对生意可以说是耳濡目染。小学毕业后，他开始到父亲的银庄工作。

由于当时时局动荡，无论法币、伪币、金圆券等，都会随着政治的变迁而一夜之间变为废纸，由此，他领悟到：持有实物，才是保值的最佳办法。1948 年，李兆基只身带着 1000 港元，来到香港。最初，他在文咸东街荣昌金号等几家金铺做外汇黄金买卖，之后又经营过五金。

1963 年，永业企业改组为新鸿基企业有限公司。

"新鸿基"是在"永泰建业"公司基础上形成的。"新鸿基"的"新"，指冯景禧自己开办的新禧公司，"鸿"指郭得胜的鸿昌合记，"基"就是李兆基。最初，"新鸿基"的规模很小，职员只有 10 多人。

1972 年，新鸿基地产股票上市，其后发展为香港实力雄厚的地产集团。新鸿基的成功，使李兆基倍添信心，决心凭借自己的能力独自另创一番事业。1973 年，他在香港物业以及土地价格大跌之际，以其精明果断的眼光，不断地收购楼宇地盘，独自成立了恒基兆业有限公司，大举进军房地产，并于 1981 年上市。

美国的《福布斯》杂志报道，李兆基 1997 年的资产达 150 亿美元，是当时亚洲最富有的人。李兆基的座右铭是："先疾后徐，先声夺人，徐图良策。"他认为，成功不可缺少的要素是培养自己的预见策划能力。

他十分注重学习和研究，广泛吸收知识，使自己有一个灵活的头脑。所以，他事前的准备工作往往做得相当充分，这使他的眼光每每比别人更敏锐、更长远，因而也就能先行一步，他也因此博得了"眼明手快，先声夺人"之誉。

李兆基的眼睛盯的始终是百姓大众，在恒基地产与恒基发展的物业建设中，中小型住宅楼宇占有近七成的比例，而商业和工业楼宇只各占一成半。因为普通百姓适合购买中小型住宅，香港的年轻

一代必须组织小家庭。

李兆基以经营地产的特有心得，加上智囊团前行政立法两局非官方议员简悦强、罗德丞及前辅政司罗弼时的参议，遂窥准中小住宅行情，大量兴建小型单位楼宇，结果深受大众欢迎，产品"如轮转"，恒基兆业成了"楼宇制造工厂"——不停地生产，不停地出售，又不停地购入新土地。

20世纪70年代以来香港经济高速发展，市区可供发展的地皮早已穷蹙，地产发展涌向新界是大势所趋。于是，他又洞察先机以先声夺人之势，积极筹划拓展新界土地。

就换地证这一项而言，恒基地产可以说是首屈一指，拥有价值24亿港元的换地证，对竞投新界土地，降低发展成本非常有利。

李兆基拓展新界的举措，又一次证明了他有着非凡的预见能力。

恒基兆业的发展前景，可谓是一片美好。

可以把预见性分为两种类型：经验性预见和创造性预见。

经验性预见，即决策者根据自己工作经历所积累下来的直接感觉、经验所做的预见。

经验性预见缩短了从认识到实践这一转化过程的时间，在日常生活和低层次管理中占有重要的位置。但它具有表面性的特点，容易"一叶障目，不见泰山"或者"只见树木，不见森林"，仅仅看到外在的现象、事物的一部分，不能洞察其本质、顾及其整体，或者容易忽略掉一些新的变动因素。因此，在管理工作中，很难做出最优决策，难免会带来损失，它属于一种初等的、低层次的预见。

创造性预见，它是一种能预见到前人所未能预见到的思维品质，是预见性思维中较高层次的预见。

由于事物的未来走向并没有固定的模式和必然的结局，而是随着客观现实的变化出现不定的状态，特别是随着经济体制改革和政治体制改革的不断深化，决策者必然面临着大量的新情况、新形势，从而需要解决领导工作中不断涌现的新问题、新矛盾，这就要求决

一切都可能改变

策者要以灵活和发展的眼光考察未来，创造性地估计未来的发展趋势和变化前景，以便用来规划未来或对现在的管理模式、管理手段进行调整，使管理工作按比较优化的方式向前发展。

对于一个决策者而言，预见性不仅受到社会发展客观规律的制约，而且受到自身素养和性格品质的限制。

同时，决策者心理因素中的消极面对预见性思维的影响也很大，因此，决策者要尽量避免因之造成的预见偏向。于是，大家在一起总结了以下几种特别需要注意的负面效应。

1. 心理定势

这是一种先期认识对后来工作影响的心理现象，是对预见性思维的一种障碍。

心理定势易使人按照一种固定的倾向去看待事物，造成思维刻板化、模式化，妨碍思维的灵活性。

如有些管理者工作方法几十年一成不变；有些管理者在心理上唯书、唯上占主导地位，类似"收发家"、"传声筒"，缺乏主动性、自主性、创造性。他们不能根据具体情况进行具体分析，相机而动，而是在变动的环境中墨守成规，固步自封，而不讲究管理艺术，结果致使管理方式不适用于实际情况。

2. 时尚效应

是指对当前社会事物的一种向往和崇拜的从众心理现象。在追求时尚的社会风气的影响下，有些决策者往往停止自己的独立思考，盲从社会大潮，接受多数人所热衷的东西，以为这样做就是正确的。如在商品经济大潮的冲击下，有些管理者只讲经济效益，而忽视社会效益和教育效益；又如一些学校领导看到别人大办工厂，也纷纷破墙开店，却不根据自身实际，盲目上项目，致使负债累累，影响学校工作的开展和教学秩序的正常进行；也有些企业管理者，不具备长远眼光，只盯住当前的产品市场，放弃具有发展潜力的产品的生产，转而改弦更张，生产时下流行但寿命短的产品，致使工厂因失去自身的产品特色而失去市场竞争力，"邯郸学步"而忘其本原。

3. 情绪效应

根据心理学中的基本理论，情绪对人的社会知觉会产生很大的影响。那么，在决策者从事管理工作的过程中，本身所具有的社会性情绪对他们所做出的决策有着显著的负面作用。

由于长期的封建宗法制度的影响，致使"父子之情"、"乡土之情"、"朋友之情"等良好的情感有时会跑调，会被扭曲，出现过分注重个人感情，讲究人情味的行为，形成偏颇、固执的心境。

情绪效应的另一面表现，反映在容易感情用事，头脑发热，使思维失去了冷静和判断力，陷入混乱状态。

如在生活中我们常常可以看到有些管理者凭一时冲动，头脑发热，独断专行，是非不分，黑白颠倒，结果给企业带来了极大的损失。

在管理工作中，一方面决策者的工作环境对其效率和决策影响很大；另一方面，决策者本身应具有的素质则是管理过程中的决定因素。

决策者是否具有预见性思维品质，是否能凭自己的知识水平进行科学管理，做出优化决策，才是管理工作成败的关键。

所以，对现代决策者而言，要能摈弃旧的思想观念、管理方式，运用现代管理手段进行更加有效的管理，从而使组织机构始终处于高速、高效的运行之中。

一个人在一生中，小到一次午餐的安排、一天的工作计划，大到一生的目标，这些都是人的预见能力的体现，只不过在时间跨度、重要性等方面有所区别罢了。

所以，一个人要想成功，就必须有意识地训练自己的预见能力。

这种预见能力可以使你脱颖而出、与众不同，你也会因此而更快地走上成功之路！

一切都可能改变

行动是成功之母，规划是行动之母

联众网站的三名创始人鲍岳桥、简晶和王建华在 1996 年就开始上网了。他们最喜欢的就是在网上玩游戏，简晶喜欢玩 MuD，鲍岳桥喜欢下围棋。

到 1998 年，玩网络游戏已经成为他们生活的一部分，简晶提出，可以做在线棋牌游戏：游戏网站是所有网站里最吸引用户的，能够把用户锁定；围棋、桥牌类游戏长盛不衰，不会消亡；做别的需要的条件太多，做这个只要有技术就行，最能体现自己的优势。

工作是从 1998 年的大年初二开始的，联众的框架设计用了将近两个月的时间，完全基于 NT 平台。

鲍岳桥称，这个框架从一开始就考虑得很完善，之后的几次升级基本没有再做改动。

接下来，王建华负责服务器端编程，鲍岳桥负责"游戏大厅"的开发，简晶负责具体游戏的设计。一切从头开始，他们投入了全部的精力，工作进展得非常快。只用了 3 个月的时间，就已经有了 3 个游戏成型，基本上可以投入使用了。

其实他们的想法并不新鲜，一年多前，南京一家叫"北极星"的公司已经在做在线棋牌类游戏了。但他们的商业模式与联众不同，他们不知道游戏网站怎样赚钱，做出产品后就卖给 ICP，一套好几十万元。

而鲍岳桥他们一开始就没想过将软件卖给 ICP 或者 ISP，因为他们觉得，对于一个 ICP 而言，网络游戏只是其众多业务中的一项业务，不可能做得很专业；另外 ICP 对整个技术结构不了解，升级维护都很困难。

1998 年 6 月 4 日，联众游戏开通。鲍岳桥、简晶、王建华三人

227

轮流在联众上守着。一个人同时开三个网关，一个人同时扮演三个人，这样只要有一个网友上来，游戏就可以玩起来。

可是由于他们没钱打广告，当然也没有人知道这个网站，一个来玩的人都没有。三个人就发挥自身力量四处找网友，拉他们过来看看。陆陆续续有一些人来了，大都是抱着"看看鲍岳桥他们又做了些什么"的想法来的。

由于大家上来的时间段不同，谁也碰不上谁，游戏基本上玩不起来。于是他们在首页贴出一个通告："希望大家集中在中午过来，这时人比较多，我们自己也在。"后来，他们又在东方网景的首页为联众的开通做了一条预告，那天联众的点击次数超过了 1000 次。发现这招挺管用，三个人就去很多 ICP 的 BBS 贴了很多广告帖子。

由于联众的影响面日渐扩大，一些媒体陆续开始报道联众。

一个特明显的事实是：报道发表当天一定会让联众多出几十个登录者。于是，每次在记者采访完时，鲍岳桥总不忘叮嘱记者一定要在报道中将联众的网址写上。

1999 年，鲍岳桥开始意识到了名人对于联众的意义，于是他们找来了女子职业三段胡晓玲，六段余平来联众指导下棋。

时间一长，联众围棋的人气旺起来了。1999 年 5 月，联众同时在线人数达到 5000 人。

联众公司就这样通过一步步的规划和行动诞生并生存了下来，从一个无人知晓的网站发展成为尽人皆知的网站。

松下认为，专门化的生产，只要经营得法，即使一张小小的椅子，也能有大事业。这其中的经营，便包含了规划这项重要的工作。

所以说，行动是成功之母，规划是行动之母。

成功需要规划，需要安排，还需要一定的程序。

做事的程序通常是志愿、意图、规划、行动、力量、效果。

没有雄心壮志，就不会有超越时空的意图；没有超越时空的意图，就不会有无可比拟的规划；没有无可比拟的规划，就没有坚定果敢的行动和力量；没有坚定果敢的行动和力量，就难以取得伟大的成绩。从古至今，大事小事皆如此。

黄帝百战征伐，周公礼典政制，秦始皇修筑长城，隋炀帝开掘运河等，都是造福子孙后代的伟大行动。

这些行动都影响着中华民族的千秋伟业，如果他们没有远大的宏图和规划，就不会产生巨大的力量，也不会取得巨大的效果。

在一个远大的规划之中，每一件大事都有它的规划，分门别类，按部就班。而每一大规划又有若干阶段的独立规划，每一独立规划，前后彼此，都有着密切的联系，并且是相互衔接的。

你需要什么样的规划？或许你需要的不只是十年的规划，或许你需要五年的规划，或许你更需要每年的规划，每月的规划，每周的规划。

要当好管理者，就必须要做到长规划、细步骤、精安排，这样才能真正搞好管理工作。

制定长远规划，是确定一个远大的发展目标。这个目标要定得高一些，这样，你和你的员工才会有动力和压力，使潜能得以充分发挥出来。

当然，目标也不能脱离实际，定得太高，看不到实现目标的希望，会让大家都泄气。

最好的做法是将总目标具体化，并分解成小目标或阶段性目标，使大家每前进一步，都能体验到成功和胜利的喜悦。

要全面系统地分析实现既定目标的有利条件和不利因素，或者说，存在哪些方面的机会与威胁。然后，依据上面的分析，确定实现既定目标的具体方案。

那些选择起点高、规模大、投资多、周期较长的行业的商家，因为面临的风险也较大，掉头改行又不容易，所以，尤其要认真搞好长远规划工作。

如果想像鲍岳桥他们一样创办一个新的公司，则更应重视制订

229

公司的长期经营规划。

有句话说得好："只为今天而生者，必迎灭亡的明天。"只有有一个长期的发展规划，才能将现阶段的经营变为一个连贯的有机整体。

如何制订长期经营规划，方法很多，但一般来说，总离不开以下几个步骤。

第一步，确立经营观念，设定公司目标。这一步的关键在于不仅要把经营观念或信条确定下来，而且要使其具体化，将总目标分解细化，使其成为指导各部分业务工作的方针和努力方向。

第二步，进行预测。不论管理者的主观意向如何，公司实际上是被客观环境所包围。公司如果忽略了对客观环境的分析预测，长期发展规划则不啻为沙上建塔，空中造楼。

第三步，构想经营规划概要。经营规划是根据公司的"主观意向"和所处的客观环境而加以确定的。为了实现经营公司的目标，必须突破客观环境的限制。为此，必须决定用何种手段和如何实现公司目标的规划体系。这一决定是建立在个别规划与期间（阶段）规划基础上的。

第四步，设立个别规划。也就是确定各个部门的具体规划，如技术部门的产品研制规划，财务部门的资金规划，生产部门的盈利规划等。

第五步，设立期间规划。重要的一点是要认识到："规划的本质在于选择。"

第六步，编制预算。以预算形式表现出来的经营规划即可交付具体实施。

做事之前，先做好计划

布利斯定理是由美国行为科学家艾得·布利斯提出来的，大意是：在做一件事之前，用较多的时间去做计划，完成这件事所用的总时间就会减少。

美国的行为心理学家艾得·布利斯和他的几位同行做过如下经典实验。

他们将志愿者分为3组，进行不同方式的篮球投篮训练。

第1组每天练习实际投篮，不加任何热身和准备，这样持续20天，最后把第1天和第20天的成绩记录下来。

第2组则在这20天内不做任何投篮练习，同样也是记录第1天和第20天的成绩。

第3组在记录下第1天的成绩后，每天花20分钟进行想象中的虚拟投篮，如果不中，他们便在想象中纠正出手方式。

结果表明：第2组的成绩没有丝毫长进，第1组的进球数增加了24%，第3组的进球数增加了26%。

这个实验结果，和我们通常认为的"只有不断练习实际投篮才能改善手感以增加投篮命中率"的想法有些出入，行为心理学家给出的结论是，在做事前先进行"头脑热身"，计划好每一个细节，梳理思路，并把它们烂熟于心，这样在实际行动中，就会得心应手。有趣的是，很多NBA球队就是利用这个法则训练投篮，而篮球迷们熟知的凯尔特人队后卫雷·阿伦每天在实际3分球训练之余，都会加练20分钟的"虚拟投篮"，他前不久也打破了NBA的3分球总进球数记录。

布利斯定理启示我们，计划是非常重要的。如果做事之前没有计划，行动起来就变得盲目，甚至会出现一盘散沙的现象。只有在

第九章　主动改变弱点，规划预见未来

事前拟好了详细的行动计划，梳理做事的步骤，做起事来才会得心应手，才会有效率。

事实上，有一个研究结果也能证明布利斯定理的科学性。曾有一家研究机构的研究结果表明，制订计划将极大地提高目标实现的概率。

善于事前做计划的人的成功概率是从来不做事前计划的人的35倍；在成功实现目标的人群中，事先制订计划的人数高达78%；能够坚持按计划行事的人实现目标的概率是84%；中途改变计划的人实现目标的概率为16%。

俗话说"磨刀不误砍柴工"，表面的意思是在刀很钝的情况下，严重影响砍柴的速度与效率。如果在砍柴之前花些时间把刀磨锋利，砍柴的速度与效率会大大提高，砍同样的柴反而用时比钝刀少。

也就是说，要把一件事做好，不一定要立即着手，而是先要进行一些筹划，进行可行性论证和步骤安排，做好充分准备，这样才能提高办事效率。

生活中，很多人之所以失败，很重要的一个原因就是他们没有养成做计划的习惯，他们想到哪儿、做到哪儿，心情好的时候这样做，心情不好的时候那样做，这样就很难成功。或许他们很勤奋，也付出了很多，但就是难以见到成效。

有一个勤奋的商人，在小镇上做生意长达十多年，到后来，他竟然破产了。

当他的债主跑来要债时，可怜的商人表示自己不知道失败在哪里。商人问债主："我为什么会失败呢？难道我对顾客的服务态度不好吗？"

债主说："我觉得事情没有你想象得那么可怕，你依然有很多资产，你完全可以从头再来。"

"什么？你让我从头再来？"商人有些生气。

"是的，你应该把目前经营的状况列在一张负债表上，好好清算

一切都可能改变

一下，然后做一个崛起计划。"债主好意劝道。

"你的意思是让我把现有的资产和负债情况核算一下，列出一张表格吗？然后把店的门面、地板、桌椅、橱柜、窗户刷新一遍，重新开张吗？"商人有些纳闷。

"是的，你现在最需要的是按你的计划去办事。"债主坚定地说道。

"事实上，这些事情15年前我就想做了，但是一直没有去做。也许你说的是对的。"商人自言自语道。

后来，他真的按债主的建议去做了。在晚年的时候，他的生意越来越红火。

一个做事没有计划、没有条理的人，无论从事哪一行都不可能取得大的成绩。

一个颇有名气的商业经纪人说："做事没有计划是许多公司失败的一个重要原因。"

事实上对于一个人来说，按计划办事不仅是一种做事的习惯，更重要的是反映了他做事的态度，是成功与否的重要因素。

其实出色人士与平庸之辈的基本差异并不是禀赋、机会，而在于有无目标。起跑领先一步，人生领先一大步，做计划是成功的开始。

第九章　主动改变弱点，规划预见未来

233